# SOPHIE DE CANTELOU

INSTITUTRICE PUBLIQUE

LAURÉAT DE PLUSIEURS ACADÉMIES

# A TRAVERS CHAMPS

ILLUSTRATIONS

de A.-L. CLÉMENT, E. MORIN, E. TRAVIÈS, etc.

PARIS

LIBRAIRIE CH. DELAGRAVE

15, RUE SOUFFLOT, 15

# A TRAVERS CHAMPS

SOCIÉTÉ ANONYME D'IMPRIMERIE DE VILLEFRANCHE-DE-ROUERGUE
Jules Bardoux, Directeur.

# SOPHIE DE CANTELOU

INSTITUTRICE PUBLIQUE
LAURÉAT DE PLUSIEURS ACADÉMIES

# A TRAVERS CHAMPS

ILLUSTRATIONS

de A. CLÉMENT, E. MORIN, E. TRAVIÈS, etc.

QUATRIÈME ÉDITION

PARIS

LIBRAIRIE CH. DELAGRAVE

15, RUE SOUFFLOT, 15

1896

Papillon et ses divers états.

# A TRAVERS CHAMPS

## I



C'est fête aujourd'hui pour les petites écolières de la commune de B...; leur institutrice va leur faire faire une promenade en récompense de leur application en classe et de leurs progrès.

Il est une heure après midi; les enfants ont devancé l'heure convenue, tant elles sont impatientes de partir, elles arrivent même en courant; elles ne sont pas nombreuses, car, le jeudi, presque toutes travaillent, soit aux champs, soit au ménage, pendant que leurs mères réparent les vêtements de la semaine ou font des trames pour les tisserands. Pour ces intéressantes petites filles, que de larmes versées aujourd'hui ! Quel gros chagrin de ne pouvoir accompagner leurs camarades plus fortunées !

Demain, l'institutrice les consolera, et par de bonnes paroles s'efforcera de leur faire accepter les privations qui leur sont encore réservées, sans murmurer.

L'Institutrice. — Je suis très satisfaite de votre empressement, mes chères petites ; malheureusement le temps n'est pas bien engageant, il fait froid, le ciel est couvert : cependant nous allons nous mettre en route, mais nous n'irons pas loin.

J'ai une petite proposition à vous faire :

Pour donner du charme à cette courte promenade, chacune de vous parlera sur les fleurs ou sur les animaux qu'elle apercevra ; elle sera notre conférencière, et je puis assurer que nous l'écouterons avec attention ! Cela vous va-t-il ?

Toutes. — Oui ! oui !

L'Institutrice. — Il n'y a pas encore beaucoup de fleurs, et les insectes sont rares... Il vous faudra avoir l'œil au guet..

Allons, en route !

Les enfants se mettent en rang, on part en pressant le pas et en observant le silence recommandé par la maîtresse ; les écolières ont un petit-air réfléchi qui fait dire à une vieille paysanne qui les regarde passer :

— Ai n'palent point les p'tiotes ! no dirait qué ruminent quéqu' chose...

Au bout d'un quart d'heure de marche, la petite troupe arrive en pleine campagne ; l'institutrice permet alors aux écolières de prendre leurs ébats.

Les enfants se dispersent dans la prairie, les unes se poursuivent, les autres vont à la recherche d'une fleur ou d'un insecte ; elles chantent, elles rient, et leurs voix argentines remplissent l'air.

L'institutrice s'assied sur l'herbe et les suit du regard.

Des cris retentissent, ce sont les petites écolières qui accourent vers leur institutrice ; celle-ci, effrayée, se lève vivement pour voir ce qui se passe.

Toutes. — Madame! Madame! voyez la grande mouche que Gabrielle a attrapée !

L'Institutrice. — Faites-voir... Cet insecte s'appelle *libellule*. Allons, Gabrielle, parlez, nous vous écoutons.

Gabrielle. — Je vous en prie, madame, faites-le pour moi ; car je ne sais rien sur cet insecte !

L'Institutrice. — Vous auriez pu me dire que son vol est léger, rapide. Approchez-vous et examinons-le ensemble. Voyez, ses couleurs sont vives, et ses ailes transparentes comme de la gaze ; ses formes sont gracieuses : aussi les Français, qui sont fort aimables, lui ont donné le nom de *demoiselle ;* les Anglais, moins poétiques que nous, le nomment *mouche-dragon*, parce qu'il dévore les insectes : c'est donc un des nombreux auxiliaires de l'agriculteur. Ses yeux sont gros et à facettes, ce qui lui permet de voir les moindres choses de fort loin. Ces animaux ont une existence plus longue que la plupart des insectes, ils vivent depuis le printemps jusqu'à l'automne. La libellule a d'abord été une

Moines apportant des œufs de ver-à soie.

sorte de punaise d'un gris verdâtre, vivant dans la vase, d'où elle sort pour se transformer comme vous le voyez.

LOUISE. — Oh! un *papillon!* qui est-ce qui l'attrape?

Et toutes les petites folâtres s'élancent à la poursuite de l'insecte ailé; l'une lui jette son mouchoir, l'autre son tablier; Gabrielle, qui a lâché sa libellule, fait des sauts formidables pour atteindre le papillon; au moment où elle croit le saisir, il s'échappe pour aller se poser par terre, à quelques pas, comme pour lui jeter un défi! Enfin, Charlotte a défait son chapeau; elle le jette, et le malin se trouve emprisonné dessous. L'institutrice parvient, non sans peine à saisir le papillon volage.

MARIE. — Nous a t-il fait courir! il n'a pas grand mérite à cela! il a des ailes! Cela doit être bien petit un papillon lorsqu'il vient au monde, n'est-ce pas, madame?

L'INSTITUTRICE. — Avant d'être un *papillon*, il a d'abord été un petit œuf, gros comme une petite tête d'épingle ; puis de cet œuf est sortie une *che-nille* qui a, en grossissant, changé quatre fois de peau, cela s'appelle la *mue*. A la cinquième mue, sa peau s'épaissit, la chenille semble s'endormir et se file un cocon dans lequel elle s'enferme et se change en *chrysalide* ; au bout de quelque temps, elle devient papillon et perce alors son cocon pour commencer une nouvelle vie. Cette transformation s'appelle aussi une *métamorphose*. Le papillon a quatre ailes, six pattes, des yeux à facettes, ce qui vous explique la difficulté que vous avez pour le saisir. Il y a de très petits papillons et il y en a de fort grands. Il y a des espèces qui ne volent que le jour, d'autres qui ne volent que la nuit. Tous sont nuisibles.

Louise. — Je croyais que les chenilles filaient de la soie ?

L'institutrice. — Jusqu'à présent on n'a utilisé que celle de deux ou trois espèces de chenilles. Cette soie sert à fabriquer des étoffes. C'est en Chine, au Japon et en Perse qu'on élève le plus facilement les vers à soie. On en élève aussi en France, dans beaucoup de départements du midi. Parmi ceux qui produisent le plus de soie, on cite : le Gard, les Bouches-du-Rhône, l'Ardèche, l'Hérault, la Drôme, le Vaucluse et le Tarn-et-Garonne.

Le ver à soie est originaire de la Chine. En 555, deux moines en portèrent des œufs à Constantinople, d'où ils se propagèrent en Grèce. Quelques siècles plus tard, le roi de Sicile transporta la culture des vers à soie dans cette île et y établit plusieurs manufactures de soieries. Deux cents ans plus tard, le pape Gégoire X fit faire de grandes plantations de mûriers dans le comtat d'Avignon, et fit organiser des fabriques de tissus de soie. La fabrication des soieries se propagea à Nîmes, à Lyon, à Paris. En 1470, Louis XI l'introduisit à Tours. Sous le règne de Henri IV l'industrie de la soie prit des proportions considérables. Les fabriques de soie les plus importantes de France sont à Lyon, à bon droit renommées dans le monde entier. Cette industrie constitue une des richesses du pays. Lyon, seconde ville de la France, est située au bord du

Rhône, qui est un large fleuve, et d'une profonde rivière, la Saône. Il y a, dans cette ville, des milliers d'ouvriers occupés à travailler la soie.

— Prenez donc garde, Pauline, vous allez marcher sur une pauvre *grenouille* qui traverse la route !

PAULINE. — Oh ! la vilaine bête ! elle m'a fait tellement peur, que j'aurais crié si je n'avais craint que vous vous moquiez de moi !

PALMYRE. — Elle ne t'aurait pas mangée, va ! les petites bêtes ne mangent pas les grosses !...

L'INSTITUTRICE. — Taisez-vous, petite méchante ! — Je vous assure, Pauline, que la *grenouille* est un animal bien inoffensif. Pour vous le prouver, je vais la prendre dans ma main et vous la montrer. Voyez, je la tiens. Je vais vous en dire quelques mots ; mais auparavant, Louise, rendez la liberté au papillon. S'il est reconnu nuisible, on prétend qu'il a peut-être aussi son utilité, ne fût-ce que pour récréer notre vue.

Revenons à cette pauvre grenouille, qui s'ennuie

dans ma main. Regardez, elle est à peu près longue de quinze centimètres ; son museau est terminé en pointe ; ses yeux sont brillants et entourés d'un cercle couleur d'or ; cela est bien joli ; mais quelle énorme bouche ! sa peau est humide et lisse, passez vos doigts dessus sans crainte. Les grenouilles sont des animaux à sang froid ; elles se nourrissent de larves aquatiques, d'insectes, d'herbe et de fruits ; elles sortent souvent de l'eau non seulement pour chercher leur nourriture, mais aussi pour se chauffer au soleil. A l'automne, elles s'enfoncent profondément dans la vase et y passent l'hiver dans un complet engourdissement ; au printemps, elles se réveillent, alors elles se multiplient.

Une femelle pond de six cents à douze cents œufs. Ces œufs flottent à la surface de l'eau. Au bout de quelques jours, il sort de chaque œuf un petit animal dont le corps ovoïde est terminé par une queue aplatie qui lui sert de nageoire, c'est le *têtard*. Peu de temps après, les pattes postérieures commencent à paraître. Lorsque les quatre pattes sont formées, la queue se flétrit, s'atrophie peu à peu, de façon à disparaître complètement. Alors la métamorphose est opérée : le têtard, animal aquatique, est devenu grenouille, animal aérien. Déposons celle-ci sur l'herbe et pressons le pas ; le ciel s'obscurcit, l'air est frais et humide, les petits oiseaux piaillent à qui mieux mieux, ils se disputent une place sous la feuillée, il va pleuvoir !

Alors la bande joyeuse reprend, mais à regret, le chemin du retour. On arrive avec les premières gouttes de pluie. Il était temps ! On se sépare avec la promesse d'une promenade dans les champs pour le prochain jeudi. Ce sera la récompense des compositions de la semaine.

## II

La Violette, ses propriétés. — Crapaud. — Charité. — Lézard.
— Marnière et marne. — Coucou. — Chèvre. — Pâquerette.
— Ce que dira le bouquet de Jeanne. — L'Alouette. —
Entre deux haies. — Nids et dénicheurs. — L'Ane.


L'Institutrice. — Nous voici au complet ! je suis heureuse, mes chères enfants, de vous posséder toutes. Nous sommes favorisées par un temps splendide ; mettons-le à profit : en route !

Le petit-bataillon des gracieuses fillettes obéit avec joie. A B..., en cinq minutes on est dans les champs. Mais une longue promenade est promise, et on marche ! on marche ! et, pour s'exciter encore, on chante en cadence un des chants dont les petites écolières raffolent.

L'Institutrice. — Oh ! quel parfum ! il doit y avoir de la violette par ici ; cherchez, petites.

Les enfants s'élancent en se bousculant sur le talus. Parmi les ronces, de nombreuses plantes de violettes recèlent la charmante fleur; les petites écolières en font une ample moisson, qu'elles viennent gracieusement offrir à leur maîtresse.

L'Institutrice. — Merci, mes chères petites! il s'agit maintenant d'en composer un bouquet; j'ai du fil dans ma poche, asseyons-nous un instant, et, si cela vous fait plaisir, nous allons dire quelques mots sur cette gracieuse fleurette.

Toutes. — Oui! oui! madame!

Tout ce petit monde, avide de s'instruire, de tout connaître, se groupe autour de celle qui est bien heureuse de répondre à ce désir.

L'Institutrice. — La *violette*, mes enfants, est souvent cachée sous les feuilles de sa plante, ce qui explique sans doute qu'on l'ait choisie pour le symbole de la modestie. Vous l'avez vu, tout à l'heure, son parfum suave la trahit. Les Athéniens se l'étaient consacrée. En Allemagne, cette fleur orne le cercueil des jeunes filles. La violette sert

Divers états du têtard de la Grenouille.

d'asile et de nourriture à de nombreux insectes et à plusieurs espèces de chenilles. Regardez, mes enfants, la charmante fleur est composée de cinq pétales avec autant d'étamines à sommets obtus, et d'une espèce d'éperon ; le tout contenu dans un calice divisé, jusqu'à sa base, en cinq parties. Parlons maintenant de ses propriétés. La fleur de violette est rafraîchissante, légèrement laxative ; elle entre dans les fleurs pectorales dont on fait de la tisane pour les rhumes légers et pour faciliter les éruptions. La teinture de violettes s'emploie comme réactif dans les analyses chimiques. Tout liquide qui contient un acide la colore en rouge. Si la teinture prend une teinte verte, elle annonce la présence d'un alcali.

Je vous rends la liberté. Nous allons continuer notre route. Mais il manque des feuilles à mon charmant bouquet, cueillez m'en quelques-unes, je vous prie.

Tout le petit monde s'empresse d'exécuter l'ordre donné sous forme de prière. Tout à coup, Émélie, petite fille de neuf ans, qui n'a peur de rien, accourt suivie de ses compagnes criant et riant de tout leur cœur. Emélie croit avoir saisi une grenouille, c'est un crapaud qu'elle tient par une patte ! L'animal fait des efforts impuissants pour échapper à l'étreinte fatale, ce qui fait pâmer de rire nos étourdies.

TOUTES. — Madame ! nous avons dit à Émélie, qui n'était pas des nôtres jeudi dernier, que vous aviez pris une grenouille dans votre main, et elle a voulu faire comme vous. Regardez : il y a de quoi mourir de rire !

L'INSTITUTRICE. — Mes petites amies, vous êtes dans l'erreur, ce n'est pas une grenouille qu'Émélie tient, c'est un *crapaud* !

A ce nom redouté, les enfants poussent des cris, la vaillante Émélie lâche l'animal en criant comme les autres. Le pauvre crapaud, interdit, reste à la place où il est tombé. L'institutrice le maintient avec son ombrelle, elle veut que les enfants puissent l'examiner sans crainte.

L'Institutrice. — Voyons, les plus courageuses, venez auprès de moi. Bien, vous êtes assez près pour voir. Comme vous pouvez en juger, le *crapaud* est d'une forme ramassée, lourd et trapu ; d'un gris livide tacheté de brun et de jaune ; des pustules qui recouvrent sa peau, épaisse et dure, sort, lorsqu'il est en colère, une humeur laiteuse et venimeuse.

Pour se défendre, il se gonfle, l'air passe entre sa peau et les muscles ; il se trouve alors placé au milieu d'une couche d'air élastique qui amortit les coups qu'on lui porte. Cet animal subit les mêmes transformations que la grenouille. C'est un grand destructeur d'insectes, de vers, de limaces, d'escargots. Il fait sa chasse la nuit plutôt que le jour. Il a la vie très dure et peut vivre longtemps sans manger. Lorsque la nuit tombe, en été, sur une journée lourde et orageuse, le crapaud lance ses deux notes monotones et répétées. Quand le crapaud chante, gare à la pluie pour le lendemain ! Au lieu de tourmenter le pauvre crapaud, il faut oublier sa laideur et ne voir que les services qu'il rend.

Le voilà qui se décide à se mettre en route! faisons comme lui et hâtons-nous; il est l'heure de goûter, et je voudrais bien trouver un endroit ombragé où vous pourrez satisfaire votre estomac sans être incommodées par le soleil.

Après un quart d'heure de marche silencieuse, les promeneuses arrivent à une chênaie; on s'assied et chacune tire de sa poche, de son mouchoir, ou de son petit panier, d'autres tout simplement d'une feuille de papier, le morceau de pain beurré qui va rendre la parole aux affamées!

Marie. — Voici deux petits enfants qui viennent de ce côté, leurs vêtements sont déchirés, ils ont l'air bien malheureux! comme ils nous regardent!...

Madeleine, enfant rieuse, mais douée d'un cœur bon et généreux, se glisse, croyant ne pas être aperçue, derrière ses compagnes: elle présente son pain aux pauvres enfants, et revient s'asseoir tranquillement à sa place.

L'Institutrice. — C'est bien, Madeleine, ce que vous avez fait là! je suis contente de vous. Re-

gardez avec quelle avidité les pauvres petits dévorent le morceau de pain que vous leur avez donné!...
Votre bonne action vous a mis la joie au cœur, je le lis dans vos yeux!

En entendant ces paroles, plusieurs mains tendent aux petits malheureux le restant de leur goûter.

L'Institutrice. — Voici un élan qui me rend bien heureuse, mes enfants! il me prouve que vous avez un cœur excellent! Gardez toujours en vous, mes petites amies, cette vertu par excellence : la charité. La charité sainte et sublime nous fait voir un frère dans le pauvre être en haillons! elle nous met le sourire aux lèvres lorsque notre main lui présente son obole. La charité est un rayon venu du ciel. Donnez, enfants! la main qui reçoit bénit celle qui donne!... Maintenant, en marche pour le retour. Prenons par le petit sentier, nous y trouverons peut-être quelques fleurs.

Marguerite. — Qu'est-ce que cette petite bête qui se chauffe au soleil sur le fossé?

L'Institutrice. — C'est un *lézard*. Arrêtez-vous un instant, je vais essayer de le prendre, et, tout en marchant, nous nous occuperons de lui. Là, je le tiens! ce n'est pas sans mal. Regardez ses jolis petits yeux rouges, qui brillent comme deux rubis! Son corps est effilé, il peut avoir vingt centimètres de longueur. Le lézard a la colonne vertébrale flexible; pour cette raison, ses mouvements sont vifs. Il a les pattes courtes. Sa queue est très fragile, mais elle repousse rapidement. Le lézard se nourrit d'insectes, et comme il a une force de mâchoire considérable, il mange les insectes à carapace dure. Il mange aussi des guêpes. Le lézard est donc un animal utile et inoffensif. On l'apprivoise aisément. Il vit vingt ans environ; il dort tout l'hiver et se réveille au printemps aux premiers rayons du soleil. La femelle pond, vers le mois de juin, huit œufs environs, c'est le soleil qui se charge de les faire éclore. Rendons la liberté à notre joli prisonnier. Nous voici auprès d'une *marnière*, arrêtons-nous.

Charlotte. — Je vous en prie, madame, voulez-vous que nous y descendions?

L'Institutrice. — Non, chère enfant; je regrette de ne pouvoir vous satisfaire, mais, outre que vous saliriez vos vêtements, cela serait imprudent; il se produit quelquefois des éboulements dans les marnières, ceux qui s'y trouvent n'en ressortent pas toujours vivants! Contentons-nous de dire ce que nous savons d'intéressant à ce sujet. Parlez, Louise.

Louise. — Vous voyez ce treuil : il sert à descendre et à remonter les ouvriers, qui se placent pour cela dans ce grand seau en fer. C'est par le même moyen que l'on monte la marne que les ouvriers extraient au fond de ce grand trou. Pour former des galeries souterraines, ils creusent toujours devant eux, ce qui n'est pas sans danger. Je prends un morceau de marne pour l'examiner. La *marne* est une pierre calcaire, mélangée en grande partie d'argile. Elle se brise facilement à la gelée et se délaye à la pluie, alors elle se mêle au sol. On s'en sert pour *amender* la terre, c'est-à-dire pour la

rendre plus favorable à la végétation. Cette opération se fait généralement tous les huit ou dix ans,
quelquefois moins, cela dépend de la nature du
terrain.

Gabrielle. — Nous avons bien fait de venir par
ici! le pré est couvert de coucous; si vous le dé-
sirez, madame, nous allons vous en cueillir!

L'Institutrice. — Volontiers, Gabrielle. Donnez-
m'en quelques-uns afin que je vous fasse une petite
démonstration sur cette gentille fleur. Le *coucou*,
classé dans la famille des *primulacées*, est d'un
jaune pâle; il a cinq pétales enfermés dans un long
tube au fond duquel est l'ovaire.

Cueillez aussi de ces boutons d'or que j'aperçois
à vos pieds. Cette fleur est classée dans la famille
des *renonculacées*. On l'appelle aussi *renoncule
des prés*. Elle est d'un jaune couleur d'or. Elle se
compose de cinq pétales et d'un très grand nombre
d'étamines. Au milieu est un grand nombre de petits
ovaires qui deviendront de petits fruits secs contenant chacun une graine.

Jeanne. — Que c'est beau ! que c'est intéressant tout cela, madame !

L'Institutrice. — Et cette petite chèvre blanche qui est en train de brouter sur le talus, vous intéresse-t-elle ?

Toutes. — Oui, oui, allons la voir de près ; voulez-vous, madame ?

L'Institutrice. — Votre demande m'est agréable ; elle me fournira l'occasion de vous parler de cet animal.

La permission accordée, chacune se met à courir pour arriver première.

L'Institutrice. — Voyons, Claire, vos parents ont une chèvre, dites-nous ce que vous avez remarqué sur cet animal. Il a été le sujet d'une de nos dernières leçons d'histoire naturelle ; qu'en avez-vous retenu ?

Claire. — La *chèvre* est un animal herbivore, couvert de poils, ayant des cornes longues, noueuses, renversées en arrière, une longue touffe de barbe sous le menton, la queue courte et le corps maigre. C'est tout ce que je sais.

GABRIELLE. — Je me souviens, moi, qu'il y a des chèvres qui n'ont pas de cornes, et que leur couleur varie beaucoup.

ANGÈLE. — La chèvre a quatre estomacs, elle rumine comme le bœuf. Elle a des mamelles. Elle est forte et agile, très sensible à la rigueur du froid, elle aime la chaleur, et dort au soleil sans en être incommodée. Elle se plaît à grimper sur les endroits escarpés, à dormir au bord des précipices et sur la pointe des rochers.

L'INSTITUTRICE. — Bien, mes enfants. A votre tour, Louise, dites-nous ce que vous savez sur le caractère de la chèvre.

LOUISE. — La chèvre est d'un caractère très capricieux. Elle accourt, s'éloigne, se montre ou se cache sans autre cause que celle de l'inconstance de son caractère. Pourtant, elle se familiarise facilement et est même capable d'attachement.

L'Institutrice. — Bien. Dites-nous quelle est sa nourriture ?

Louise. — Elle se nourrit d'herbes, mais elle aime beaucoup les ronces. En hiver, on lui donne du foin et des légumes.

L'Institutrice. — A votre tour, Charlotte. Dites-nous quels soins on doit avoir pour la chèvre, et de quelle utilité elle est pour l'homme.

Charlotte. — On doit la retenir à l'étable en hiver, et avoir soin de renouveler sa litière tous les jours. La chèvre est un animal très utile à l'homme. Elle donne du lait qui est salutaire pour les estomacs délicats, et qui, plus faible que le lait de vache, convient pour les jeunes enfants. La chair se mange. Sa peau est un cuir très estimé. Avec son poil on fabrique de belles étoffes. On tire aussi parti de son suif. J'oubliais de dire qu'avec la peau de la chèvre on fait le maroquin, dont la préparation a été, pendant longtemps, connue seulement des Orientaux et des populations du Maroc. On fait avec le maroquin des porte-monnaie, des sacs, des étuis, des couvertures de livres d'un grand prix.

L'Institutrice. — Allons, je vois qu'avec le temps nous arriverons à quelque chose ! Maintenant nous allons examiner ensemble la pâquerette que je tiens. La *pâquerette* ou *marguerite* est une fleur de la famille des *composées*, et, en effet, les petits points jaunes qui sont au milieu sont autant de petites fleurs. Il faudrait une loupe pour apercevoir cela. Chacune de ces petites fleurs a cinq pétales soudés en un tube. Au dedans sont cinq étamines avec un pistil qui contient un ovule ou graine. La pâquerette est blanche ou rosée ; comme presque toutes les fleurs, le soir elle se ferme comme pour s'endormir !

Il y a peu de fleurs en cette saison, je ne crois pas que vous en trouviez d'autres : contentez-vous de celles que vous avez, et à l'œuvre. Je tiens que chacune de vous fasse un bouquet pour présenter à sa mère. Une mère est si heureuse d'occuper la pensée de ses enfants ! Jamais, mes petites, vous ne pourrez témoigner assez d'amour et de reconnaissance à vos parents ! C'est tout ce qu'ils demandent de vous pour payer leur dévouement de chaque heure et les sacrifices sans nombre qu'ils s'imposent pour vous !... Encore une fois, à l'œuvre ! n'oubliez pas que le bon goût doit présider à tout ce que l'on fait. Que votre bouquet soit un langage dans lequel vous mettrez un peu de votre cœur...

Tout le petit monde se tait, les figures sont devenues sérieuses.

Tout à coup, le chant de l'alouette se fait entendre ! Toutes les petites têtes se lèvent, les yeux scrutent l'horizon d'un air désappointé, on n'aperçoit rien !

L'Institutrice. — Voyez-vous ce petit point noir là-haut, au-dessus de nous ? c'est l'oiseau chanteur que vous cherchez, c'est une *alouette*. La voici qui descend avec une telle promptitude qu'on dirait qu'elle tombe ! L'alouette est de l'espèce des *pas-

*sereaux*, elle a le bec gros, court et robuste ; elle se nourrit de graines à la vérité, mais elle élève ses petits avec des chenilles et fait de celles-ci un grand massacre ; le mal qu'elle cause est neutralisé par le bien qu'elle fait. Comme vous l'avez vu tout à l'heure, elle s'élève très haut dans l'espace ; là, elle plane, c'est-à-dire qu'elle se maintient à la même place au moyen d'un battement d'ailes particulier ; elle chante alors, et sa voix est si extraordinairement forte, à proportion de son corps, qu'on l'entend sans la voir. La chair de l'alouette est délicieuse et très estimée. — J'aperçois un ravissant petit sentier. Prenons-le, peut-être y verrons-nous quelque chose d'intéressant.

La petite troupe s'engage dans un vert chemin enfoncé entre deux talus, que surmontent des haies vives, embaumées d'aubépine. Dans l'herbe des fossés croissent des myriades de boutons d'or et de pâquerettes ; la mousse verte et délicate tapisse çà et là les talus, les petits oiseaux sautillent et ramagent. On se sent envahi par un charme étrange. Il y a des impressions dont on ne peut se rendre

Libellule et ses divers états.

compte et qu'on subit sans le vouloir! Dans les prés voisins paissent des vaches, qui allongent leur tête au-dessus des haies pour regarder avec leurs grands yeux ronds et doux.

Mais voici un garçonnet qui s'avance ; il tient sa casquette à la main, on dirait qu'elle contient quelque chose qu'il veut cacher.

L'Institutrice. — Que portez-vous si précieusement dans votre casquette, petit ?

L'enfant. — Madame, ce sont des petits oiseaux ; je viens de les prendre dans leur nid.

L'Institutrice. — Faites-les voir ! Ce sont des *mésanges*. Qu'allez-vous en faire ?

L'enfant. — Je vais les mettre dans une cage, je leur donnerai à manger. Je ne leur ferai pas de mal, bien sûr, bien sûr !

L'Institutrice. — Et vous aurez la cruauté de les regarder se meurtrir le bec aux barreaux de leur étroite prison ! et sans larmes aux yeux vous entendrez leurs cris plaintifs ! Avez-vous réfléchi au désespoir de la mère lorsque, en rentrant au nid, elle le trouvera vide ? Croyez-moi, mon petit ami, rendez les oisillons à la mère. Dans votre cage, ils mourraient vite, car ils ne se nourrissent que d'insectes et de chenilles, dont ils détruisent une quantité prodigieuse. Sans cesse occupées à retourner les mousses, les fragments d'écorce, les mésanges débarrassent les arbres de leurs bestioles les plus nuisibles. Vous ignorez aussi, sans doute, qu'il est expressément défendu de dénicher des nids. Si un gendarme ou le garde-champêtre vous voyait, il dresserait procès-verbal contre vous, ce qui serait fort désagréable pour vos parents ; vous seriez considéré comme un mauvais polisson. Suivez mon conseil : soyez le protecteur plutôt que le persécuteur de ces auxiliaires de l'agriculteur. Je vois à l'attention que vous me témoignez que vous êtes convaincu de votre tort. Allez, mon enfant, reporter ces oiseaux où vous les avez pris et respectez, à l'avenir, cette petite merveille, un nid d'oiseau.

Le petit garçon salue la société, et c'est en courant qu'il va de bon cœur reporter les oisillons au nid. Chantres ailés, vous avez un protecteur de plus!

MARGUERITE. — J'aperçois dans le pré l'âne de maître Pierre; je voudrais bien monter dessus pour retourner chez moi. Voulez-vous me le permettre, madame?

L'INSTITUTRICE. — Et que dirait maître Pierre s'il s'apercevait de la disparition de son âne? On ne doit pas ainsi disposer de ce qui ne nous appartient pas. Approchons-nous de maître Aliboron, comme La Fontaine l'appelle dans ses fables; je vais vous parler de cet intéressant quadrupède. L'*âne*, originaire des climats chauds, est plus petit que le cheval. C'est un animal domestique, qui n'est pas apprécié comme il mérite de l'être. Il est tranquille, patient, se résignant à supporter les fatigues et les privations. Ne coûtant pas cher à acheter, il coûte encore moins à nourrir, car sa sobriété est extrême, et il se contente de la pitance la plus grossière. Une petite quantité d'eau lui suffit, mais il la lui faut bien claire et sans aucun goût étranger. Ses jambes fines se terminent par un sabot. Son odorat est exquis, son oreille excellente. Dans la première jeunesse, l'âne a de la légèreté et de la gentillesse ; les mauvais traitements le rendent lent, indocile et têtu. C'est un animal bien malheureux ! on le surcharge d'énormes fardeaux, on ne lui donne aucune espèce de soins. Cependant il s'attache à son maître. L'âne peut vivre vingt-cinq à trente ans. On connaît son âge par les dents. L'âne brait, le son de sa voix est désagréable Allons, petite Palmyre, dites-nous de quelle utilité est l'âne après sa mort.

PALMYRE. — Auparavant je vais dire que ses oreilles sont très longues, que la femelle de l'âne s'appelle *ânesse* et qu'elle donne du lait qui est pectoral ; on en fait prendre aux personnes atteintes de maladies de poitrine. Le petit de l'ânesse se nomme *ânon*. La peau de l'âne est très dure ; on en fait des cribles, du parchemin, de très bons souliers, des tambours. Avec sa peau travaillée, qu'on appelle *peau de chagrin*, on fabrique des gaines, des étuis, des fourreaux, des sacs et bien d'autres objets encore.

L'Institutrice. — Bien, mon enfant! Mais voici l'heure qui s'avance, pressons le pas; il est temps de retourner chez nous.

Après vingt minutes de marche, on arrive à l'école, lieu du départ et du retour. Chaque fillette trouve que la journée s'est écoulée trop vite, et se promet de travailler avec courage afin de mériter encore de prendre part à une autre excursion, si le temps le permet le jeudi prochain.

Avant de clore sa paupière, chaque enfant repassera dans son esprit ce qu'elle a entendu et vu, et du fond de son cœur s'élèvera un sentiment de reconnaissance pour le Créateur de tant de merveilles!

# III

Bergers et Sorciers. — Le Chien. — M. Pasteur. — Histoire
du berger. — Moutons. — Encore M. Pasteur. — Fourmis.
Carabe doré. — Coucou. — Guêpe. — Couleuvre. — Vipère.
— Anémone-Sylvie. — Araignée.

On a projeté une longue promenade; il faut profiter du beau temps. On a tant de choses à visiter encore ! Aussi, à peine l'horloge a-t-elle marqué une heure que les petites écolières, conduites par leur institutrice, se mettent en route.

Le temps est splendide, toutes les fillettes ont une figure joyeuse; que de plaisir elles se promettent ! On compte sur un appétit robuste, car chacune emporte un copieux goûter.

En traversant le *carreau* (1), on marche en ordre

(1) Nom que l'on donne dans le pays de Caux à une place
où se trouve une agglomération de maisons.

et en silence, deux par deux. Tout le monde est sur les portes pour regarder passer les promeneuses, et chacun de dire avec fierté : « Comme elles se tiennent bien nos petites ! » Mais à peine dans les champs, avec la permission de la maîtresse, on rompt les rangs, et on chante ! on rit ! on danse ! et tout en chantant, en riant, en dansant, on fait de la route.

L'INSTITUTRICE. — Halte ! voici un troupeau de moutons dans ce champ. Approchons-nous, nous allons parler de ces animaux, sans oublier l'intéressant chien qui les garde.

PAULINE. — Oh ! madame, je vous en prie ! ne nous arrêtons pas ici. Voyez, le berger nous regarde, c'est un sorcier bien sûr ! il va nous jeter un sort !...

L'INSTITUTRICE. — Comment, Pauline, vous croyez à de pareilles sottises ! Autrefois, les hommes étaient superstitieux ; rien d'étonnant à cela, car ils manquaient d'instruction. Mais maintenant, en plein XIX$^e$ siècle, quand l'instruction est donnée à tous avec largesse, de pareilles crédulités ont lieu d'étonner !... Les sorciers passaient pour avoir fait un pacte avec le diable, afin d'opérer des malifices. Ces hommes étaient tout simplement plus malins que ceux qu'ils attrappaient. Regardez le berger. Si ce pauvre homme avait quelque pouvoir, ne commencerait-il pas par se donner un sort plus heureux que celui qu'il subit ? Il est là, dans ce champ, exposé au soleil ou à la pluie, mal vêtu, mal nourri, mal logé ! Allons, Pauline, venez auprès de moi, je veux que vous voyiez de près le fameux sorcier ! nous allons lui souhaiter le bonjour, et, si un petit renseignement nous est nécessaire, il ne nous le refusera pas.

Le chien s'est approché, il vient flairer s'il a quelque chose à redouter des arrivantes ; sans doute son inspection leur est favorable, car il remue la queue. Pendant ce temps, quelques moutons se sont écartés, et le chien, qui connaît son métier, court après eux et les mord pour leur faire rejoindre leur troupeau.

L'Institutrice. — Avez-vous remarqué, mes enfants, quels yeux intelligents a ce chien ? A le voir ainsi, les regards fixés sur son maître, attentif au moindre signe, à la moindre parole, on le croirait doué de raison! Sans ce chien, il serait impossible au berger de garder son troupeau. Le chien est remarquable par la beauté de ses formes, par sa vivacité, sa légèreté, sa force. Ses nombreuses qualités le rendent infiniment utile et précieux pour l'homme. Il n'existe pas d'animal dont les espèces soient aussi nombreuses. On en compte plus dè trente. Toutes ces variétés diffèrent entre elles sous une infinité de rapports : par la grandeur de la taille, la figuration du corps, l'allongement du museau, la longueur, la direction des oreilles et de la queue, la couleur, la qualité et la quantité du poil. Les plus grands chiens sont le grand danois et le mâtin ; le plus fort est le dogue ; celui qui court le plus vite est le lévrier ; celui qui a le plus d'instinct est le chien de berger.

Le chien met environ deux ans à croître, et il peut vivre jusqu'à vingt ans. Il est sujet à plusieurs maladies, dont la plus dangereuse est la rage ; cette terrible maladie se communique par la morsure. Un illustre savant français, M. Pasteur, fait en ce moment des études et des expériences sur les chiens pour la préservation et la guérison de la rage, ce mal sans remède jusqu'àlors. Formons des vœux sincères pour que ses efforts soient couronnés de succès (1).

Après nous avoir servis pendant sa vie, le chien nous est encore utile après sa mort. Sa graisse entre dans la composition des perles fausses ; sa peau sert à fabriquer des gants et des bas pour les personnes atteintes de certains maux de jambes ; lorsque sa peau est garnie de poils longs et fins, on en fait des fourrures.

C'est un animal nécessaire sous tous les rapports, et aucun autre ne pourrait le remplacer. En deux mots, je résume ses qualités : avec raison on a fait du chien le symbole de la fidélité, car c'est le seul animal dont elle soit à l'épreuve.

Le berger s'est approché peu à peu ; il a entendu la dernière phrase de la leçon, et c'est d'une voix

(1) D'un mémoire lu à l'Académie des sciences (séance du 1ᵉʳ mars 1886), il résulte que sur 385 personnes traitées par M. Pasteur, une seule a succombé, une petite fille de dix ans, soignée *trente-sept jours* après avoir été mordue.

émue qu'il s'écrie : « Oui, le chien est fidèle, dévoué courageux ! Vous voyez mon vieux Moustache, mon fidèle compagnon ? Eh bien ! c'est à sa mère que je dois la vie ! »

Les enfants se pressent pour mieux voir le brave homme ; on lit dans leurs yeux la question qu'elles n'osent faire.

Le Berger. — Si cela peut vous être agréable, madame, je vais raconter mon histoire aux petites demoiselles ; je vois qu'elles en ont envie. La jeunesse est curieuse. On a été jeune aussi...

L'Institutrice. — Je n'osais vous le demander, mon ami ; j'accepte avec plaisir.

Les petites filles s'asseyent sur le bord du champ, le berger prend place auprès d'elles, et c'est tout en ne perdant pas de l'œil son troupeau et son chien qu'il commence en ces termes :

« Je suis un pauvre enfant trouvé sous une porte cochère, il y a de cela cinquante et un ans. J'avais été déposé là, peut-être jeté ! quelques jours après ma venue au monde. On m'avait enveloppé dans une misérable couverture, sans aucun indice pour me reconnaître plus tard. J'étais l'enfant de la misère.

Je fus recueilli presque mourant par de bonnes âmes, qui, après quelques démarches, me firent admettre à l'hospice des Enfants-Trouvés ! Ma jeunesse se passa aussi heureuse que peut l'être celle d'un enfant abandonné ! J'étais fort, courageux, j'aimais le travail. A douze ans, l'hospice me plaça chez un fermier pour garder les vaches. C'était de bien braves gens que ce fermier et cette fermière ! Ils avaient un fils de mon âge, bon et aimant comme eux. Moi, qui n'avais jamais connu les joies de la famille, quel bonheur inespéré pour moi que d'en trouver une qui voulût bien m'admettre à les partager ! Mon cœur d'enfant, qui avait soif de caresses, pouvait enfin en donner et en recevoir. Je m'arrête un instant pour essuyer mes larmes ! Madame et mes petites demoiselles, excusez-moi ! Je ne puis parler de mes bienfaiteurs sans que mon vieux cœur se brise...»

Pendant ces quelques instants d'interruption, les petites filles donnent cours à leur émotion. De même que le rire, les pleurs se communiquent. Les unes se mouchent pour cacher leur larmes, les autres n'essayent même pas de les déguiser.

Bons petits cœur ! soyez toujours compatissantes pour la douleur des autres ! La compassion, c'est encore de la charité !

Le Berger. — Je reprends mon récit. Huit années s'écoulèrent dans ce séjour béni. Le moment de la conscription arriva. Nous allâmes, le fils du fermier et moi, à la mairie du chef-lieu de canton, tirer notre numéro ; j'en amenai un bon, le fils du fermier un mauvais !

On connut les larmes au logis ! mes maîtres n'avaient que ce fils, leur joie leur espérance ! et il allait partir ! partir tandis que je restais, moi, pauvre abandonné, moi dont personne ne pleurerait l'absence ; moi, sans famille, sans mère ! Comment ? sans mère ! me dit une voix intérieure ; et la patrie ? Ingrat que j'étais !... Je partis à la place de l'enfant aimé, accompagné des vœux et des bénédictions de ceux qui m'avaient rendu si heureux. C'est avec bonheur que j'embrassai ma nouvelle carrière ; malheureusement, je n'avais pas d'instruction, et je ne pouvais prétendre à aucun avancement. Je fis la guerre de Crimée ; elle fut dure pour le soldat. Les maladies, la rigueur du climat tuèrent autant d'hommes que les boulets ennemis ! Je résistai !... Je fis aussi la campagne d'Italie. Blessé à la bataille de Magenta, je fus renvoyé dans mes foyers. Mes maîtres me reçurent à bras ouverts. Hélas ! le malheur les avait frappés, une maladie leur avait enlevé leur fils ! mon dévouement avait été inutile ! Je remplaçai chez eux leur berger, dont ils n'étaient pas satisfaits. Lorsque la guerre de 1870 éclata et que je vis les Prussiens envahir notre chère France, je repris du service ; je n'avais que trente-sept ans, j'avais une santé robuste, j'étais bon soldat, je me devais à ma patrie. J'avais une chienne à laquelle j'étais très attaché, je ne voulus pas m'en séparer : ma fidèle *Trompette* me suivit à la guerre.

Je ne vous en parlerai pas de cette triste guerre, mes petites demoiselles, vous apprenez tout cela dans vos écoles maintenant ; vous en savez plus que tous les bergers du monde là-dessus ! Je me battis comme un lion ! Je fus blessé à Sedan et laissé pour mort dans un champ par les ambulanciers ; je n'en valais guère mieux ! Ma chienne, qui ne m'avait pas quitté et qui, de temps en temps, passait sa langue sur ma figure, comprenant qu'elle était impuissante à me ranimer, courut à un homme que le hasard amenait par là, et, par ses aboiements désespérés, parvint à l'attirer près de moi. Cet homme s'aperçut que je vivais encore ; il était compatissant et robuste, il me chargea sur ses larges épaules et me porta à l'ambulance, où des soins dévoués m'arrachèrent à la mort. Ma chienne, ma bonne *Trompette* m'avait sauvé la vie.

Marie. — Avez-vous été récompensé, monsieur, pour avoir été blessé à la guerre ?

Le Berger. — Oui, ma petite demoiselle. Il paraît que je m'étais bien comporté, car on me donna la médaille militaire. Elle ne me quitte pas, tenez, voyez, elle est sur ma poitrine.

Pauline. — Vous pouvez en être fier, car elle est bien méritée ! Mais, monsieur, dites-nous, êtes-vous retourné chez vos anciens maîtres ?

Le Berger. — Un malheur n'arrive jamais seul ! La maladie se mit sur leurs bestiaux ; ils en perdirent une partie ; les Prussiens envahirent le village et s'emparèrent de ceux que l'épidémie avait épargnés. Minés par le chagrin d'avoir perdu leur fils, ruinés, ils moururent à peu de distance l'un de l'autre. Quand je revins, la ferme était occupée par des personnes inconnues. Ce fut un rude coup que celui-là !... J'ai retrouvé une place sans difficulté, j'y suis heureux ; mais je n'oublierai jamais ceux que j'ai aimés.

Il s'est opéré en Pauline un changement de physionomie étonnant. Ses yeux, effrayés auparavant, expriment l'admiration. Il faut vivre avec les enfants pour croire à une pareille versatilité de caractère ! Ils passent, sans transition aucune, d'un sentiment à un autre tout à fait opposé. Maintenant, Pauline verra des héros dans tous les bergers ! il faudra lui faire comprendre, quand l'occasion s'en présentera, que celui-ci est une exception.

L'Institutrice. — Merci, mon brave, votre histoire

nous a intéressées; mes petites écolières profiteront de la leçon : amour de la patrie, reconnaissance envers ceux qui leur seront bons, respect pour la médaille militaire, récompense du courage.

— Êtes-vous fatiguées de vous tenir tranquilles, enfants! voulez-vous que nous parlions du mouton?

Toutes. — Oui! oui! madame.

L'Institutrice. — Voyons, Jeanne, dégourdissez votre langue! Dites-nous ce que vous savez sur le mouton.

Jeanne. — Le mouton est un quadrupède de l'ordre des *ruminants*, mammifère, herbivore. Chacun de ses pieds a deux doigts terminés par un sabot. Le mouton est doux, timide, stupide. Il est d'un tempérament faible. La grande chaleur l'incommode autant que l'humidité. Il est sujet à un grand nombre de maladies.

L'Institutrice. — Citons la plus terrible : le charbon. Cette maladie est contagieuse. Les animaux morts de ce fléau doivent être enterrés profondément. Nous devons encore au savant M. Pasteur le moyen de préserver les moutons de cette fatale maladie par l'inoculation. A votre tour, Louise, qu'avez-vous à ajouter ?

Louise. — Les moutons ont le corps garni de laine. On les tond une fois par an. La chair du mouton, très estimée, est facile à digérer. Avec sa graisse, on fait de la chandelle ; avec sa laine, des matelas, des étoffes, des bas, des couvertures. La peau garnie de sa laine constitue une fourrure très chaude. On appelle *basane* la peau du mouton tannée ; on s'en sert pour relier les livres, couvrir les meubles et faire des chaussures. Avec la corne de ses sabots, on façonne des tabatières, des peignes et divers objets. La femelle du mouton est la *brebis* ; on fait d'excellent fromage avec son lait. Le petit de la brebis est l'*agneau ;* sa chair est délicate. On laisse séjourner les moutons sur les terres fatiguées ; leur fumier, leur urine et leur chaleur les rendent fertiles.

Mais voici Palmyre qui se relève avec vivacité en

s'écriant : « Oh ! là là ! qu'est-ce qui me pique ainsi les jambes ! Oh ! là là ! »

L'institutrice s'approche ; elle regarde quel est l'intrus qui s'y prend si mal pour se faire accorder l'hospitalité. Ce sont des fourmis. La petite fille était assise sur une fourmilière ! A peine Palmyre est-elle débarrassée de ces hôtes incommodes, qu'elle s'écrie : « Madame, vous ne nous avez pas encore parlé de ces petites bêtes ; voudriez-vous m'en dire quelque chose ? »

L'Institutrice.—Votre désir sera satisfait, Palmyre. Approchons-nous de la fourmilière ; nous allons la bouleverser avec un petit bâton, afin d'examiner, tout en causant, l'activité de ces petits insectes. L'odeur du vinaigre qu'exhale la fourmilière est produite par une liqueur que les fourmis secrètent et qu'on appelle *acide formique ;* elles s'en servent pour tuer leurs ennemis. C'est cet acide qui donne aux fruits sur lesquels les fourmis ont passé un goût et une odeur insupportables. La fourmi est un insecte nuisible ; elle fait périr les plantes en s'établissant à

Intérieur d'une fourmilière.

leur pied et en creusant au milieu de leurs racines des galeries dans toutes les directions. Une fourmilière comprend trois espèces de fourmis : les mâles, les femelles et les ouvrières ou *neutres*, celles-ci travaillant et nourissant les mâles et les femelles qui, à un moment donné, sont ailés, quittent la colonie et s'envolent. Quand les femelles doivent pondre, elles rentrent à la fourmilière ; les ouvrières leur coupent les ailes et la ponte a lieu. Douze jours après la ponte, les *larves* naissent, puis elles se changent en *nymphes*. Au bout de quelques jours, les infatigables ouvrières ouvrent les cocons avec leurs dents, les nymphes sont devenues fourmis parfaites, la métamorphose est opérée. Les fourmis ont l'humeur guerrière, elles se livrent souvent des combats entre espèces différentes ; elles font des prisonniers et les emploient à leur service. Les fourmis ne se logent jamais dans les parties humides des prairies, des bois ou des jardins ; lorsqu'elles sentent la pluie, elles rentrent vivement au logis. Les faisans, les perdrix et les cailles dévorent une immense quantité d'œufs de fourmis.

—Maintenant, en route, mes petites ! dans quelques minutes nous serons arrivées au bois du château ; j'ai obtenu la permission d'y venir avec vous, c'est une charmante halte que nous allons faire là !

ÉMÉLIE. — Sans compter les bonnes occasions de parler qu'on va y trouver !

L'INSTITUTRICE. — Prenez donc garde, Palmyre, vous allez écraser un pauvre petit carabe doré qui est presque sous vos pieds.

PALMYRE. — Je croyais que cet insecte s'appelait *bête d'enfer*. Pourquoi, madame, ne faut-il pas l'écraser ?

L'INSTITUTRICE. — Parce qu'il rend de nombreux services en détruisant les larves des insectes et les chenilles. Voyez comme ses élytres sont d'un beau vert avec des reflets dorés ! ses pattes sont longues et jaunâtres.

ÉMÉLIE. — Madame, qu'est-ce que les élytres?

L'INSTITUTRICE. — Bravo, Émélie! J'aime que les

enfants demandent l'explication des mots qu'ils ne connaissent pas : élytre vient du mot grec *elytron*, qui signifie enveloppe. En effet, regardez cette espèce d'étui coriacé qui recouvre les ailes de ce carabe, ce sont ses élytres. Tous les insectes coléoptères en ont de semblables.

Il n'est pas grand le bois du château, mais il n'y a ni mare ni dangers d'aucune sorte ; aussi les enfants ont obtenu facilement de s'éloigner selon leur fantaisie. L'institutrice s'assied. Tout à coup on entend : « coucou ! coucou ! » et les petites follettes de répéter à qui mieux mieux : « coucou ! coucou ! » tout en accourant vers leur maîtresse afin de savoir à quoi s'en tenir sur cet oiseau si amusant !

L'INSTITUTRICE. — Ah ! ah ! je sais ce que vous venez me demander, asseyez-vous un instant près de moi.

— Le *coucou* est de l'ordre des *grimpereaux;* il est voyageur et arrive chez nous en avril pour repartir à la fin d'août. Il se tient dans les bois, mais cependant il va aussi en pleine campagne pour trouver sa nourriture, qui se compose d'insectes et

principalement de chenilles. La femelle du coucou
pond huit ou dix œufs dans l'espace de plusieurs
semaines. Elle ne couve pas ses œufs. Lorsqu'elle
a pondu un œuf par terre, elle le prend dans son
bec et va le déposer dans le nid d'un passereau,
tels que l'alouette, le rouge-gorge, le rossignol, la
grive, le merle ; elle a soin de jeter un œuf du nid
et de le briser avant d'y confier le sien, afin que la
mère trouve le même compte! puis elle vient voir
de temps en temps s'ils sont bien soignés. Dès que
le jeune coucou est éclos, il emploie ses forces
naissantes à se débarrasser des véritables enfants
de sa nourrice, il se glisse sous chacun d'eux et
les fait tomber hors du nid ! Le coucou n'est pas,
comme vous voyez, un modèle de gratitude ! »

L'attention des enfants est si grande qu'elles n'ont
pas remarqué une guêpe qui vole au-dessus d'elles,
et qui finit par se poser sur les cheveux de Marie.

L'institutrice, habituée à tout observer, l'a aperçue ; elle donne un violent coup de mouchoir sur la
tête de l'enfant, qui, ne comprenant rien à cela, se
met à pleurer La méchante guêpe est tombée étour-

die l'institutrice la saisit délicatement par le milieu du corps, les pattes en l'air; par ce moyen elle ne peut plus piquer, — et, la présentant à Marie :

— Je suis heureuse, ma pauvre enfant, d'avoir pu vous épargner une souffrance, car la piqûre de la guêpe est très douloureuse. Vous riez maintenant en la voyant se débattre pour m'échapper ! Lorsque nous l'aurons examinée, je l'écraserai. — Son corps est composé de trois parties : la tête, le corselet, et l'abdomen. Son corps est noir et jaune, elle a six pattes et deux ailes. N'oublions pas son dard, dont la piqûre est venimeuse; un essaim de guêpes peut tuer un homme. Les remèdes à employer sont : l'ammoniaque, l'acide phénique, l'eau vinaigrée, le jus de cerfeuil. On peut placer les guêpes au premier rang des ennemis de l'horticulture; elles s'attaquent aux fruits et sont d'une voracité insatiable. Elles ont des mandibules assez dures pour attaquer le bois sec : il leur est donc facile de couper la peau d'une poire ou d'un raisin. Les guêpes placent leurs nids un peu partout, quelquefois en terre; dans les troncs d'arbres, sous les toits de chaume, dans les greniers. Elles vont souvent fort loin pour chercher leur nourriture. Les guêpes déciment les essaims d'abeilles, elles percent de leur dard ces intéressants insectes et les emportent pour donner en pâture à leurs larves le miel et le pollen dont elles sont chargées. Parlons du peu de bien qu'elles font : Les guêpes tuent sans miséricorde les mouches à vers, dont elles font sans doute leur proie ; elles emportent également au nid, en les coupant en deux, une espèce de chenille et de ver gris. Les guêpes ne vivent qu'une année. Les ouvrières et les mâles naissent avec les chaudes températures et meurent en automne. Il ne reste au nid qu'un petit nombre de femelles engourdies et fécondées ; ce sont elles qui perpétueront la race au printemps prochain. — Maintenant que vous ne craignez plus rien de cette méchante bête que je viens d'anéantir, allez jouer, enfants !

Les petites filles se dispersent encore pour revenir bientôt ; on devine à leur air effrayé qu'il s'est passé quelque chose d'anormal. Palmyre, enfant d'une impressionnabilité nerveuse, est toute tremblante, et c'est d'une voix saccadée qu'elle s'écrie :

— Madame, il y a une vipère dans la fosse qui est là, tout près ! j'y étais descendue pour cueillir des fleurs, j'ai failli mettre la main dessus ! Je crois bien qu'elle dort, car elle n'a pas bougé ; cependant je me suis mise à courir, j'avais peur ! peur !...

L'Institutrice. — Allons voir ensemble. Je serais étonnée que ce fût une vipère, il n'y en a pas par ici, je crois que c'est tout simplement une couleuvre Marchons légèrement afin de ne pas réveiller le reptile. — C'est bien une couleuvre endormie. Ne craignez rien, je vais la prendre par le cou ; de cette façon elle ne pourra mordre, et vous l'admirerez à votre aise..... Là ! je la tiens ! pauvre bête, en voilà un réveil pour elle ! Elle est fameuse ! Voyez comme elle s'enroule autour de mon bras ! elle sort sa langue fourchue ! elle est en colère ! elle ignore mes intentions pacifiques. — La couleuvre est un animal d'une utilité incontestable, elle se nourrit de fourmis, de petits insectes, de grenouilles, de petites souris. Parfois aussi elle mange de jeunes oiseaux,

qu'elle prend au nid, car la couleuvre grimpe aux
arbres avec facilité. Elle habite les bois herbeux,
le bord des eaux douces, elle nage facilement. Elle
se blottit sous les pierres, dans le sable. Elle affec-
tionne les meules de blé, le voisinage des maisons,
le fumier de basse-cour. La couleuvre est *ovipare*,
c'est-à-dire qu'elle se reproduit par des œufs. Elle
pond ses œufs en chapelet, au nombre de dix à
quinze ; ces œufs ont la coque molle, elle les dépose
souvent dans le fumier ou dans les meules de blé.
La couleuvre que je tiens est à peu près longue d'un
mètre, c'est une longueur respectable ! ces animaux
peuvent atteindre 1$^m$50. La couleuvre a le dos et
les côtes gris-bleu avec des bandes quadrilatères
noires ; elle a sur le cou de grandes taches noires
qui se joignent sur la tête. Sa langue est divisée en
deux filets ; ses mâchoires sont garnies de petites
dents aiguës très dures, recourbées en arrière, qui
lui servent à accrocher et retenir sa proie. La couleuvre n'a pas de venin mortel, elle n'attaque pas
l'homme, elle fuit au moindre bruit.

L'explication terminée, l'institutrice rend la liberté

à la gracieuse bête, qui se glisse dans l'herbe et disparaît promptement. Les petites peureuses poussent
un gros soupir de soulagement.

L'Institutrice. — Si je vous parlais de la vipère,
mes petites? il est bon de savoir distinguer ce dan-
gereux reptile de l'inoffensive et bienfaisante couleuvre. Pouvez-vous m'accorder encore quelques
minutes d'attention?

Toutes. — Oui! oui!

L'Institutrice. — Causons en marchant, car la
journée s'avance, et il faudra bientôt penser au retour. Je vois que vous avez goûté en jouant dans le
bois, vous n'avez plus de provisions à porter, vous
me cueillerez quelques fleurs lorsque j'aurai terminé mon explication. — La vipère, beaucoup plus
petite que la couleuvre, atteint au plus 0<sup>m</sup>70. Sa
couleur est brune ou roussâtre; une ligne brune ou
noirâtre règne sur son dos, et une rangée de points
inégaux de même couleur s'étend sur ses flancs. Au-
dessus de sa tête, presque triangulaire, figure une

sorte de V formé par deux bandes noires. La vipère se rencontre dans les régions boisées et pierreuses. Elle se nourrit de lézards, de grenouilles, d'insectes, de vers, de mulots, de taupes et de musaraignes. La vipère est *vivipare*, ce qui veut dire qu'elle met au monde ses petits tout vivants. Dès leur naissance, les vipéreaux sont abandonnés à eux-mêmes; ils n'acquièrent leur complet développement qu'au bout de six à sept ans. La vipère est un animal redoutable pour l'homme et pour les animaux; sa mâchoire supérieure est armée de deux dents ou crochets pourvus d'un petit sillon par où découle le venin que secrètent deux glandes placées au-dessus des crochets; dès qu'elle les enfonce dans le corps de sa victime, les glandes, se trouvant comprimées, laissent couler le venin mortel. Ce n'est pas avec sa langue fourchue, comme plusieurs le croient, que la vipère accomplit son œuvre de mort, mais bien avec ses crochets. Dès que quelqu'un est mordu par une vipère, il faut ligaturer de suite la partie blessée avec un lien quelconque: ficelle, mouchoir, etc., et cela au-dessus de la blessure, puis faire saigner la plaie après

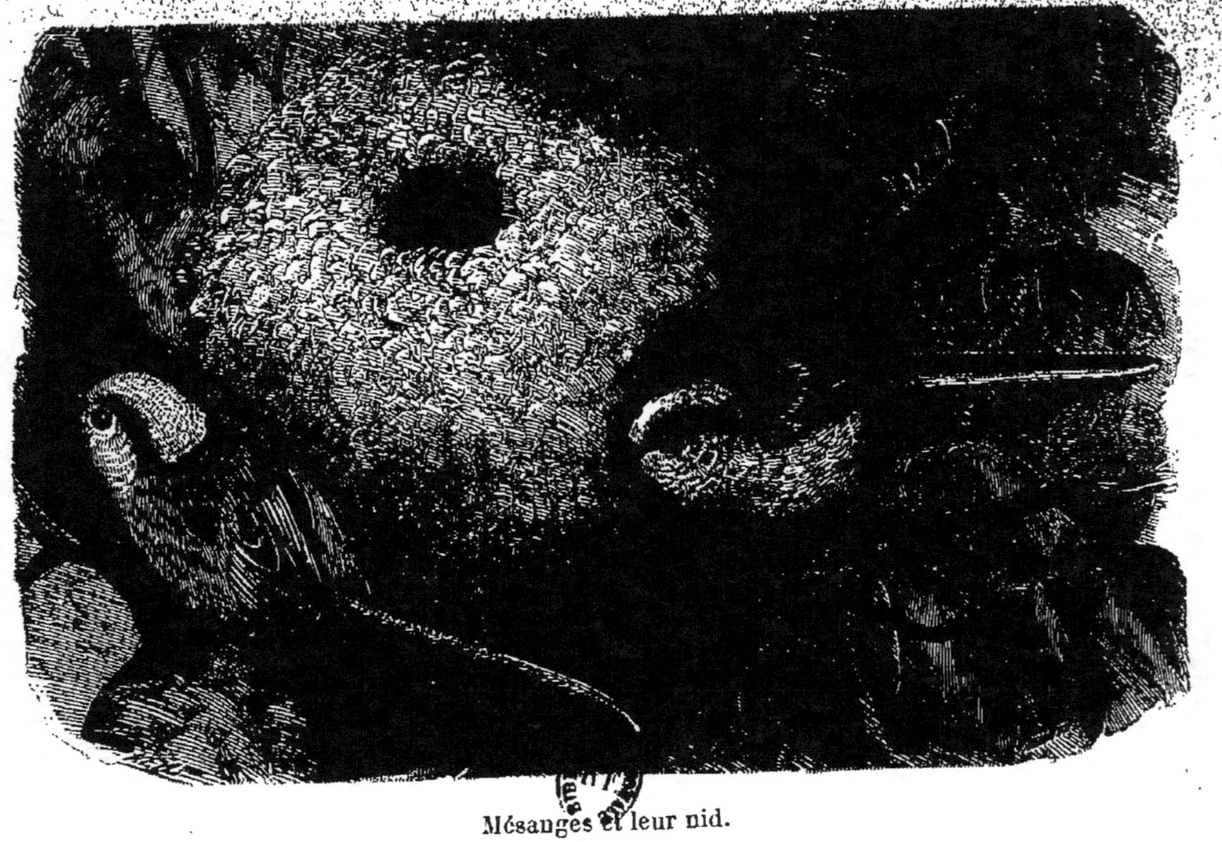

Mésanges et leur nid.

l'avoir ouverte avec un canif ou un couteau; et
enfin le plus promptement possible la faire cau-
tériser, soit avec un fer rouge, soit avec un agent
caustique. On peut aussi sucer la blessure, mais
c'est un acte de dévouement, car si la personne
qui l'accomplit a la moindre écorchure dans la
bouche, le venin peut se communiquer; alors c'est
la mort.

Nous voici arrivées à la lisière du bois, voyez si
vous trouvez quelques fleurs.

Les enfants s'éloignent de quelques pas seulement, sans empressement; elles sont encore sous
l'impression que la couleuvre a produites sur elles.
Du reste, il y a peu de fleurs. Les voici qui reviennent.

Louise. — Nous vous apportons, madame, un
bouquet de bien jolies clochettes; il y en a des
blanches et des roses. Comment nomme-t-on cette
fleur, madame?

L'Institutrice. — *Anémone des bois*, et aussi du
gracieux nom de *sylvie*. Cette fleur est de la famille

des *renonculacées;* elle se plaît à l'ombre parmi la mousse.

L'anémone a six pétales ovales disposés en rosette ; au milieu s'étale une gerbe d'étamines nombreuses. Au sein de la gerbe on distingue une boule formée de plusieurs petits grains verts aplatis ; chacun de ces grains est un pistil. Quand les pétales et les étamines sont tombés, les pistils grossissent et la boule devient le fruit de la plante ; ce fruit est un groupe de petits fruits contenant chacun une graine.

Lorsque le fruit est mûr, les graines se détachent, tombent et se trouvent ainsi semées pour reproduire chacune une plante semblable à celle que vous tenez.

Gardez-vous, mes enfants, de porter cette jolie fleur à votre bouche, car elle est vénéneuse.

PALMYRE. — Madame, regardez quelle grosse araignée !

Voici quelques instants que je l'examine, je lui ai vu achever sa toile, qu'elle a tendue d'une branche à l'autre de l'arbre. Il me semblait que le fil sortait de son corps !

L'Institutrice. — Vous avez l'esprit observateur, Palmyre ! ce n'est pas la première fois que j'ai le plaisir de le constater ! Oui, vous avez bien vu. Il sort du corps de l'araignée un liquide qui s'épaissit à l'air ; quand elle le file, il se solidifie et devient d'une certaine résistance. L'*araignée* est le type de l'espèce des *arachnides;* elle a huit pattes ; elle est généralement de couleur peu voyante, ce qui lui permet d'échapper parfois aux nombreux oiseaux pour lesquels elle sert de mets friand ; elle peut aisément se dissimuler pour prendre les mouches et les insectes auxquels elle fait une guerre incessante, elle détruit aussi les larves de mouche à scie, les cousins et les taons. L'araignée femelle est beaucoup plus grosse que le mâle, ainsi que cela est à peu près général chez les insectes.

L'araignée se reproduit par des œufs, et les petits, en sortant de l'œuf, sont complets. Elle donne à sa progéniture des soins maternels tellement surprenants qu'on est forcé de reconnaître qu'elle n'agit pas par instinct, mais par intelligence. La répulsion qu'on éprouve pour cet animal est injuste et sans fondement, l'araignée n'est ni sale ni venimeuse. Sa morsure n'occasionne à l'homme aucun accident. Voici notre promenade terminée, chères petites, séparons-nous.

La brise est fraîche et embaumée, les arbres en fleurs sont remplis d'oiseaux qui gazouillent leur dernier chant du jour. On entend les insectes bourdonner dans l'air. Les fleurs exhalent leur plus doux parfum avant de fermer leur corolle. A l'occident, le soleil colore le ciel d'une large bande de feu. Voici venir l'heure du repos pour toute la nature.

## IV

Lièvre. — Grillon champêtre. — Grillon domestique. —
Hirondelle. — Martinet. — Étourneau. — Fougère. —
Chanvre. — Datura. — Sarrasin. — Betterave. — Histo-
rique du sucre.

Les petites écolières ont pris goût aux promenades
scolaires, car les voici sur la route du chef-lieu de
canton. La température, très lourde, est d'un mauvais présage ! Les promeneuses, avec l'insouciance
de leur âge, ne s'en inquiètent guère ! — Mais voici
un lièvre qui traverse la route ! Les fillettes l'ont
aperçu, et plusieurs s'écrient en même temps :

— Madame, un lièvre !

L'Institutrice. — Un lièvre ? En effet, je l'aperçois ! s'il va de ce train, il sera loin dans quelques
instants !

GABRIELLE. -- Faisons-lui la course !

Toutes les petites folles s'élancent à la poursuite du lièvre, mais, au bout de quelques secondes, l'animal a disparu. Les enfants désappointés reviennent vers leur institutrice.

L'INSTITUTRICE. — Vous voici hors d'haleine, mes filles ! Ah ! vous croyiez prendre le lièvre à la course ? vous êtes agiles, mais il l'est plus que vous. Voyons, asseyez-vous un instant, Charlotte va nous dire ce qu'elle sait sur le *lièvre*.

CHARLOTTE. — Le lièvre est un petit animal herbivore de l'ordre des rongeurs. Il a le poil d'un gris roux sur le dos, d'une couleur un peu plus claire sur les côtés et le ventre blanc, de longues oreilles, une queue très courte, et les pattes de derrière plus longues que celles de devant, enfin, à chaque mâchoire, deux longues dents qui s'appliquent l'une sur l'autre. Le lièvre est un animal nuisible ; il fait de grands dégâts dans les champs et n'épargne pas les jardins, lorsqu'il en rencontre sur sa route. On compose d'excellents civets avec la chair du lièvre. Avec son poil on fabrique du feutre qui sert à faire des chapeaux ; sa peau garnie de son poil sert de fourrure.

L'Institutrice. — Bien, mon enfant. J'ajoute quelques mots à ce que vous avez dit. La femelle du lièvre, que l'on appelle *hase*, fait ordinairement deux portées de deux ou trois petits par an. Les jeunes lièvre se nomment *levrauts*. Le lièvre ne creuse pas de terrier, comme le lapin ; d'une humeur plus vagabonde, il se contente de fouiller un peu la terre pour se mettre à l'abri des regards. Il échappe facilement à la vue car la nature, qui a tout prévu, lui a donné la couleur du sol fraîchement remué ; de plus, c'est un malin compère qui a bien des ruses à sa disposition. Vous avez dit, Charlotte, que la chair du lièvre est excellente ; j'ajoute : très saine et très estimée. Un auteur latin prétendait que lorsqu'on avait mangé du lièvre on était beau pendant six jours ! — Tiens, qu'est-ce que j'aperçois sur le bord de la route ? allons voir.

C'est un *grillon* qui se chauffe au soleil. Il y a deux espèces de grillons : le grillon domestique et le grillon champêtre, comme celui que vous voyez; il a à peu près quatre centimètres de longueur, et il est d'un noir luisant. Les grillons, animaux nocturnes, sortent de leur retraite le soir pour aller chercher leur nourriture. Le grillon est très frileux ; il s'engourdit au fond de son trou en hiver; mais il a eu soin, pour creuser son terrier, de choisir un endroit meublé d'herbe courte et exposé au soleil. On appelle aussi le grillon *cricri*, à cause du bruit strident qu'il produit en frottant, l'une contre l'autre, la partie chiffonnée de ses élytres. La mélancolique chanson du grillon a inspiré plus d'un poète ! On ne sait pas au juste de quoi cet insecte se nourrit, par conséquent on ignore s'il est nuisible ou utile. Le grillon domestique est plus petit que le grillon champêtre ; il est nuancé de jaune et brun, et ne se trouve que dans les maisons, où il habite les fours de boulanger ou sous la plaque de l'âtre de nos cheminées. Dans la plus grande partie de la France, surtout en Normandie, le chant du grillon domestique est considéré comme un signe de bonheur. — En route, mes enfants !

Et la joyeuse colonne se remet en marche.

ÉMÉLIE. — Madame, n'est-ce pas que ce sont des *hirondelles*, les oiseaux qui passent au-dessus de notre tête ?

L'INSTITUTRICE. — En effet. Nous voici arrivées aux premières maisons de X... Asseyons-nous un instant sur le talus qui borde la route, je vais vous parler des hirondelles, et aussi des martinets, qui leur ressemblent beaucoup. Les hirondelles sont de la famille des passereaux ; ces gentils oiseaux ne se nourrissent que d'insectes ; aussi, avant les premiers froids, elles quittent nos contrées pour aller dans les pays chauds. Pouvez-vous me dire pour quelle raison, Palmyre ?

PALMYRE. — Parce que, la chaleur faisant éclore les insectes dont elles se nourrissent, elles ne trouveraient plus à manger en hiver dans notre pays.

L'Institutrice. — Bien, mon enfant. Je continue.

— Les hirondelles ont les pattes grêles et minces, le bec accentué et bombé. Leur forme est gracieuse, leur vol rapide. Elles ont le corps bleu foncé, le ventre blanc, la queue fourchue. L'hirondelle retrouve le chemin de la maison qui lui a été hospitalière, et revient à son nid. C'est quelque chose de merveilleux à voir ces petits et intéressants oiseaux bâtir leur nids (qui sont de véritables chefs-d'œuvre de construction) avec leur bec. Elles s'abattent au bord des mares ou des ruisseaux, auprès des ornières dans lesquelles il reste un peu d'eau, pour remplir leur bec de terre mouillée. La nature leur a donné, à l'époque où elles font leur nid, une salive gluante dont elles imbibent leurs matériaux pour en augmenter l'adhérence. Le nid construit, elles le garnissent de paille, de crin, de fibres de racines, tout cela entrelacé ; ensuite, pour qu'il soit doux et chaud, elles le tapissent de plumes et de duvet. Les hirondelles pondent de quatre à six œufs, de couleur chair et marqués de petites taches brunes et violettes. Au bout de douze jours les pe-

tits éclosent. L'hirondelle est une mère tendre, vi-
gilante et dévouée.

Le *martinet* est, comme l'hirondelle, un oiseau
migrateur et insectivore. Il a les pattes très courtes ;
les doigts courts et rapprochés, fournis d'ongles
aigus ; le bec petit, large à la base. Pendant la chaleur du jour, les martinets demeurent cachés dans
les trous des murs, dans les crevasses des rochers,
restant accroupis sur le ventre, car leurs pattes sont
trop courtes pour les soutenir ; quand ils tombent
par terre, il leur est très difficile de reprendre leur
vol. Les martinets, qui ont défiance de l'homme,
prennent de grandes précautions pour cacher leur
retraite ; ils y rentrent d'un mouvement si rapide
que l'œil ne peut les suivre dans l'espace. Le soir,
ils se poursuivent en poussant des cris perçants
et en décrivant à tire-d'aile un cercle autour d'un
édifice qu'ils ont choisi. Les martinets arrivent en
France vers le 15 avril pour en repartir au commencement d'août ; ils sont en hostilité avec les hirondelles et les fuient. La femelle du martinet pond

ordinairement cinq œufs blancs, pointus, et de forme très allongée.

Le martinet construit son nid dans la pierre, les vieux murs et les rochers.

Palmyre. — Regardez donc, madame, ce joli petit oiseau qui vient se percher sur la vache qui est à la longe dans le champ de trèfle; il a l'air de becqueter son dos, le petit méchant !

Émélie. — C'est le petit qui attaque le grand ! tu connais cela, Palmyre ! c'est ton habitude...

Palmyre. — Tu crois me dire une injure, mademoiselle, et tu me fais un compliment...

Pauline. — La valeur n'attend pas le nombre des années... Voilà ce que tu nous prouves, Palmyre...

L'Institutrice. — Allons, mes mignonnes, puisque vous n'avez pas reconnu l'oiseau dont il est question, je vais vous le nommer et vous dire ce qu'il vient faire sur le dos de la vache.

Ce joli petit animal est un *étourneau* ou *sanson-nèt*, de l'ordre des passereaux. Son plumage sombre a des reflets métalliques verts ou bleus , son bec est droit, légèrement déprimé vers la pointe. Ces oi-seaux vivent en troupe; ils se nourrissent de graines, de baies, d'insectes, de vers et de mollusques terrestres. Les étourneaux se posent sur le dos des bestiaux, bœufs, moutons, pour rechercher les pa-rasites de ces animaux et les manger.

Vous comprenez maintenant, Palmyre, ce que le petit méchant vient faire sur le dos de la vache ?

Marie. — Que c'est intéressant ! Mais voyez, ma-dame, Jeanne s'est coupée avec une tige de fou-gère !

L'Institutrice. — Je vous avais déjà dit, enfant, qu'il faut couper et non arracher les tiges de ces plantes parce qu'on s'expose à ce qui vient de vous arriver.

Allons, bandons la blessure avec le mouchoir et n'y pensons plus. On acquiert souvent l'expérience à ses dépens... Pour votre peine, dites-nous quelques mots sur cette méchante plante ; prenez cette tige que je viens de couper et faites-la-nous examiner.

**Jeanne.** — La *fougère* est une plante *acotylédone*, c'est-à-dire qui ne produit pas de fleurs séminales. Dans les pays chauds, les tiges de la fougère atteignent plusieurs mètres de hauteur ; dans notre pays, tout au plus un mètre, comme celle qui est près de nous. Voyez, sous chaque division des feuilles, à la face inférieure, ils y a des rangées de petits points jaunes qui contiennent les graines.

La racine de ces plantes est vermifuge ; leurs feuilles fournissent une couchure saine et fortifiante.

**L'Institutrice.** — Ce n'est pas mal, chère petite. Qui donc va trouver quelque chose à dire maintenant ?

**Euphrosine.** — Si vous vouliez que nous allions nous asseoir un peu plus loin, madame, j'aperçois un petit plant de chanvre ?

L'INSTITUTRICE. — C'est une rareté dans notre département, et je consens à ce que demande Euphrosine.

Qui arrivera la première ? Allons, à la course !...
Bravo. Euphrosine, je me doutais de votre succès. Lorsque vous aurez repris haleine, vous nous ferez savoir si votre mémoire est aussi bonne que vos jambes.

EUPHROSINE. — Je suis déjà remise, madame. Je commence. Le *chanvre* est, comme le lin, une plante textile originaire de l'Asie. Sa culture est encore plus étendue que celle du lin. Les départements qui en produisent le plus sont ceux de la Sarthe, de la Marne, de Lot-et-Garonne, de l'Isère, du Puy-de-Dôme, de la Moselle, et de l'Ille-et-Vilaine. La préparation du chanvre est la même que celle du lin. On retire le fil de la plante en la faisant tremper dans l'eau ; cette opération se nomme le *rouissage ;* quinze à vingt jours suffisent pour cela. Ensuite on sèche le chanvre, on le bat pour en retirer les graines, qu'on nomme *chènevis ;* on le teille,

on le râcle. On passe la *filasse* dans les dents d'un
peigne, pour en séparer la partie la plus grossière,
qui est l'*étoupe ;* ensuite on la file. Autrefois on filait
le lin et le chanvre au fuseau et au rouet ; aujour-
d'hui, on se sert de machines dont l'invention est
due à un de nos compatriotes, Philippe de Girard.
Le chanvre sert à la fabrication des cordages, des
toiles à voiles, et de tous les tissus qui doivent offrir une grande résistance.

L'INSTITUTRICE. — Vraiment, Euphrosine, vous
avez progressé d'une manière étonnante !

GABRIELLE. — Quelle jolie clochette blanche
Voyez, madame. Pendant qu'Euphrosine parlait, je
l'ai cueillie là, derrière mon dos.

L'INSTITUTRICE. — S'il en est une de vous qui connaisse le nom de cette fleur, qu'elle parle... Puisque
tout le monde se tait, je vais vous en donner l'ex-
pilcation. Regardez-la attentivement, mes enfants,
afin de la bien connaître ! Cette plante est vénéneuse ! c'est le *datura*, pomme épineuse de la

famille des *solanées*. C'est une superbe plante ! ses tiges sont vertes, rondes, molles et lisses. Ses feuilles larges sont découpées en grandes dentelures pointues. Ses fleurs, grandes et belles, rappellent les belles fleurs blanches du grand liseron de nos haies; elles naissent séparées, non par groupes. La fleur du datura a un calice vert en forme de coupe, dont le bord est dentelé de cinq dentelures pointues. La corolle, d'un beau blanc, étroitement plissée, s'ouvre en forme d'entonnoir présentant à son contour cinq dents pointues. Au fond de la corolle se cachent les cinq étamines, dont les anthères sont portées sur de longs et grêles filets. Au centre est le pistil en forme de petite bouteille surmontée d'un long filament, qui est le style. Quand la fleur se fane, la partie du pistil renflée en forme de bouteille grossit, et devient le fruit de la plante. Ce fruit, hérissé d'épines, ressemble à celui du marronnier d'Inde. Lorsqu'il est mûr, il s'ouvre, et ses graines, petites, rondes, et de couleur brune, tombent sur le sol et reproduisent la plante vénéneuse. — Voyez, mes enfants, rien qu'avec les choses qui nous en tourent il y aurait de quoi parler pendant une journée ! Voici devant nous un petit champ de *sarrasin* ou *blé noir*. Je vais vous apprendre que le sarrasin est de la famille des *polygonées ;* ce nom vient du grec : *polys*, plusieurs ; *gony*, nœud, articulation. Cette famille de plantes est ainsi nommée parce que leur tige a plusieurs nœuds. Allez en cueillir une branche, Alphonsine, et achevez la leçon.

ALPHONSINE. — Le sarrasin est de moyenne taille, sa tige est molle, verte, nuancée de rougeâtre, ses feuilles ont un peu la forme de celles du lierre et de celles du liseron. Le sarrasin porte de jolis bouquets de petites fleurs blanches légèrement rosées qui sentent fort bon. Chacune de ces fleurettes est formée de cinq petites feuilles blanches pointues, qui sont les sépales et dont l'ensemble forme le calice. Au milieu, on aperçoit un groupe d'étamines, dont les minces filets portent des anthères de la grosseur de la tête d'une petite épingle. Au centre est le pistil, de la forme d'une petite bouteille, dont

le cou se termine par trois petits becs. La fleur
dure peu, l'ovaire, qui est la partie arrondie du
pistil, grossit, mûrit. Le grain a trois côtes sail-
lantes ; il ressemble assez au fruit du hêtre, mais
il est beaucoup plus petit, de la grosseur de la
moitié d'un grain de blé. On moud ce grain comme
le blé, il fournit une farine grisâtre très nourris-
sante. Dans les pays où le blé croît difficilement,
on remplace le pain par des bouillies et des galettes
de sarrasin. Bien que cette plante ne ressemble pas
au blé, on lui a donné le nom de blé noir à cause
de la couleur brune de ses graines.

L'Institutrice. — Très bien, Alphonsine ; maintenant, dirigeons nos pas vers le champ de betteraves que j'aperçois à quelques pas. C'est Elise qui
va parler. Nous vous écoutons, enfant.

Elise. — La *betterave* est une sorte de plante
potagère ; l'espèce qui est cultivée dans ce champ
sert à la nourriture des bestiaux en hiver lorsqu'il
n'y a plus d'herbe. Il y a une autre espèce de betterave qui est très bonne à manger lorsqu'elle est

cuite au four. On tire du jus de betterave un très bon sucre, en tout semblable à celui des colonies quand il a été porté au même degré de pureté. Le sucre s'extrait principalement de la betterave blanche de Silésie ; on la cultive dans plusieurs départements du nord de la France.

L'Institutrice. — Le sucre de betterave n'a été fabriqué en grand dans notre pays que sous Napoléon I<sup>er</sup>, après 1810, lorsque le blocus continental vint nous priver du sucre des colonies. Vous savez, mes petites amies, que ce sucre est produit par un grand roseau, la canne à sucre, qui croît dans les pays chauds. La *canne à sucre*, est originaire de l'Inde, qui se trouve au delà du Gange. Elle se répandit en Syrie, en Égypte et en Arabie : les Siciliens l'introduisirent dans leur île ; un certain nombre de tiges furent transportées à Madère ; les Espagnols en enrichirent les Canaries. En 1506, quelques années après la découverte de l'Amérique, Pierre d'Arança apporta la canne à Saint-Domingue, où elle se multiplia énormément. C'est une

des grandes richesses de l'Amérique. Le sucre raffiné était employé dans les premières années du
XIVe siècle. C'était alors une denrée fort chère,
qu'on ne trouvait que chez les pharmaciens; il fallait être riche pour s'en permettre l'usage. On le
tirait du Levant par la voie d'Alexandrie, des îles
de Malte, de Candie, de Chypre et de Rhodes. Un
peu plus tard, on s'approvisionna dans les colonies françaises d'Amérique. Dites-nous, Élise, n'y
a-t-il que la canne et la betterave qui contiennent
du sucre ?

ÉLISE. — Il y a une sorte d'arbre, l'érable, qui en
fournit beaucoup. Le sucre d'érable est communément employé dans certaines parties de l'Amérique
du Nord. En Hongrie, l'usage du sucre de citrouille
est général. Le maïs, la carotte, le navet, le panais, la guimauve, le genièvre, la châtaigne, les
figues contiennent du sucre.

L'INSTITUTRICE. — C'est bien, Élise.
Voici un après-midi qui a passé bien vite ! et,
malgré mes craintes, le temps s'est maintenu. La

température se refroidit et le jour baisse, il est temps de rentrer, mes chères petites.

Le crépuscule étend ses voiles de couleurs sombres. Les paysans, revenant des champs, activent de la voix et du geste leurs chevaux fatigués. Les arbres secouent leur tête grise de la poussière du jour ; les petits oiseaux s'endorment bercés par la brise ; et les petites filles, arrivées sous le toit paternel, vont dormir aussi, bercées par le souvenir d'une agréable promenade.

# V



Voici trois semaines que les promenades scolaires sont interrompues à cause du mauvais temps. Aussi, comme on va s'en dédommager aujourd'hui ! Le but de la promenade est le Bec-de-Mortagne, dix kilomètres pour aller, autant pour revenir ; ce sera une excursion dont ont gardera le souvenir. Les plus âgées et les plus robustes ont seules été acceptées pour ce petit voyage. On se met en marche à neuf heures du matin. La campagne, inondée de soleil, est pleine de bruits confus ! les mouches bourdonnent, les feuilles frissonnent et semblent chuchoter entre elles, les oiseaux chantent, les fleurs s'ouvrent, les abeilles vont puiser leur miel parfumé dans le nectaire des fleurs. Toute la nature paraît en fête, la joie est partout ! dans l'air, au nid, à la ruche et au cœur des écolières, qui, usant de la liberté que leur maîtresse leur a accordée, fredonnent en marchant une fable chantée. Les plus espiègles furettent partout, cueillent des fleurs pour les jeter aussitôt, courent, dansent, vont en avant, puis reviennent ; elles doublent la route, c'est leur plaisir à elles ! Mais voici Louise qui arrive avec un petit animal dans la main, elle qui n'osait pas manier une grenouille ! les promenades l'ont aguerrie !

— Madame, regardez quelle drôle de souris, elle a un grand nez pointu ! Je l'ai attrapée dans les broussailles auprès de la haie.


PAULINE. — Voyons ta souris. Je te félicite, tu t'y connais ! c'est tout simplement une *musette* ou *musaraigne ;* n'est-ce pas, madame ?

L'Institutrice. — Vous avez raison, mon enfant. Posez cette pauvre bête dans l'herbe, Louise.

Pauline. — Mais, madame, la musaraigne est un animal nuisible ! Elle mange le grain dans les granges, et quand elle mord les chevaux aux jambes, cela leur occasionne des enflures ! il faut donc la tuer sans pitié !

L'Institutrice. — Quelle erreur, Pauline ! Les pauvres petites musaraignes ressemblent beaucoup à la souris, c'est vrai, elles ont le même pelage. Il est certain que la ressemblance est parfois une fatalité ! La souris dévaste tout. La musaraigne, au contraire, est un animal insectivore. Elle se nourrit d'insectes, d'araignées, de vers, de larves, de chrysalides. Son museau pointu lui sert à fouiller pour découvrir les insectes gros et petits dont elle fait sa nourriture. La musaraigne a la vue peu développée ; elle habite les trous dans le sol ou dans les murailles, sous les broussailles des haies et aux alentours des demeures. Il y a aussi la musaraigne d'eau, d'une espèce plus forte que la musaraigne de notre pays. On la voit le matin et le soir au bord des petits cours d'eau, faisant la chasse aux grenouilles.

LOUISE. — Une fleur d'aubépine ! La voulez-vous, madame ?

L'INSTITUTRICE. — Volontiers. Nous allons l'examiner ensemble.

L'*aubépine* est de la famille des *rosacées*. C'est un arbrisseau dont le tronc et les branches sont durs, raides, couverts d'une écorce lisse, grisâtre ; ses jeunes rameaux portent de longues épines fort aiguës et de jolies feuilles d'un vert très vif, larges, découpées en élégantes dentelures. Les fleurs de l'aubépine naissent au bout des rameaux en petits bouquets étalés que l'on nomme *corymbes*. Chacune de ces fleurs ressemble à une rose minuscule. Le calice est formé de cinq petites feuilles pointues étalées, nommées *sépales*, placées au bord de l'espèce de coupe que vous voyez sous la fleur. La corolle a cinq pétales blancs ou roses, arrondis, extrêmement frêles et délicats. Au cœur de la fleur est une gerbe de fines étamines dont les filets déliés portent des anthères ou petites têtes rosées Au milieu de cette gerbe, on distingue quatre ou cinq autres filets plus forts, qui sont les styles des pistils logés dans la coupe verte, sous la corolle. Quand la fleur est tombée, cette coupe, qui est l'ovaire, grossit et devint le fruit, d'abord vert et dur, puis rouge et tendre, contenant plusieurs noyaux très durs qui sont les graines de la plante.

ÉMÉLIE. — Pinvole, il est midi, il est temps que tu t'envoles ! Pinvole, il est midi !

Un débat a lieu entre Émélie et Palmyre ; cette dernière veut lui prendre son petit insecte. Émélie vient chercher un refuge près de l'institutrice et s'informe si pinvole est bien le nom de ce petit animal.

L'INSTITUTRICE. — Cette gentille petite bête se nomme *coccinelle* ou *bête à bon Dieu*. Il y en a de plusieurs espèces. Celle que tient Émélie a sept points noirs sur fond rouge. Ses élytres rouges ont deux points noirs. Cette espèce est la plus commune.

Les horticulteurs intelligents devraient s'efforcer de propager ces gentilles petites bêtes, car chacune d'elle à l'état de larve a dévoré des milliers de pucerons pour accomplir sa croissance, et vous savez que les pucerons font un grand tort à toutes les plantes, particulièrement aux rosiers. Allons, Émélie, chantez encore à la coccinelle votre petite chanson, laissez-la reprendre son vol ! et nous, reprenons notre marche.

Il est vraiment pittoresque le pays de Caux ! les champs sont vastes, parfaitement cultivés et entretenus. Le sol est accidenté, toutes les fermes sont entourées d'un haut talus planté d'arbres, ce qui, de loin, est d'un charmant effet ; on dirait de petits bouquets de bois. Mais voici un petit poulain qui vient en gambadant. Gare aux ruades !

L'Institutrice. — Évitez ce jeune cheval, mes petites amies, il veut jouer, mais les gentillesses de ces animaux ne sont pas souvent douces !

Adrienne. — Voulez-vous, madame, que je dise que le poulain est le petit d'une jument, que la jument est la maman, et le cheval le papa ?

PAULINE. — Tu peux te passer de permission maintenant, Adrienne ! Tu nous fais rire, va ! est-ce que
c'est tout ce que tu as à dire ?

L'INSTITUTRICE. — Allons, Pauline, ne mortifiez
pas cette enfant. N'oubliez pas qu'elle est plus jeune
que vous ! Dites à sa place ce que vous savez sur
le cheval. Dites bien, afin que quelque compagne
peu charitable ne se raille pas de vous aussi...

PAULINE. — Je ne crains pas cela, car je me souviens parfaitement, madame, de ce que vous nous
avez appris. — De tous les animaux que l'homme
emploie à son service, il n'en est pas, après le
chien, de plus utile que le *cheval*. Le cheval est
un quadrupède herbivore, mammifère, de grande
taille ; son corps est proportionné et élégant ; il a
le maintien noble et fier, des yeux vifs et bien fen-
dus, des oreilles bien faites ; sa crinière garnit bien
sa tête et orne son cou ; sa queue traînante et touffue termine avantageusement son corps. Ses dents,
qu'on nomme *molaires*, sont toutes aplaties, ce qui lui
permet de broyer le grain et les herbes. Le cheval

ne rumine pas, il suffit de le regarder quand il est au repos pour s'en convaincre.

Le pied du cheval n'est pas fendu comme celui du bœuf ou du mouton, il est d'une seule pièce et formé par un morceau de corne qu'on appelle le *sabot*.

C'est sous ce sabot que l'on applique et que l'on cloue un morceau de fer qui sert à garantir la corne. Le cheval peut vivre de vingt-cinq à trente ans. C'est par l'inspection des dents qu'on reconnaît l'âge du cheval. Son cri s'appelle *hennissement*.

L'INSTITUTRICE. — C'est bien, Pauline. Je vais vous donner quelques nouveaux détails, mes petites, écoutez.

Tous les chevaux n'ont pas la même forme ni la même taille. Les plus beaux chevaux de selle que l'on connaisse sont les chevaux arabes : après, les plus estimés sont ceux de Barbarie, légers et très propres à la course. Il y en a aussi de très beaux en Espagne. En Angleterre, on trouve d'excellents chevaux de course. Les chevaux danois sont très

Bergeronnette, la Buandière.

estimés pour le carrosse. On cite comme très légers et bons coureurs les chevaux hongrois. On trouve aussi en France d'excellents chevaux ; le cheval limousin est propre à la selle. La Franche-Comté, la Normandie, la Flandre et l'Artois fournissent de bons chevaux d'attelage. Le cheval a trois espèces de démarches qu'on appelle *allures :* le pas, le trot, le galop. Le cheval est sensible aux caresses et il se souvient fort longtemps des mauvais traitements. Il est naturellement doux et disposé à se familiariser avec l'homme. Il est d'une intelligence remarquable. Je ne vous parle pas des services qu'il rend, vous êtes à même de les apprécier. Ce serait de l'ingratitude de maltraiter un aussi fidèle serviteur. Dites-nous, Élise, quand les chevaux sont vieux et qu'on les livre à l'équarrisseur pour qu'il les tue, comment en utilise-t-on les différentes parties ?

ÉLISE. — La peau, lorsqu'elle est tannée, est employée par les cordonniers et les bourreliers. La chair sert à nourrir les animaux. Avec le crin, on confectionne des étoffes et des tissus. Avec les intestins, on fabrique des cordes à boyau. Les tendons sont utilisés pour de la colle-forte. Avec la graisse, on compose une huile très recherchée par les émailleurs et les bourreliers. Les sabots servent à faire des peignes et autres objets en corne. Les gros os des couteaux et de la tabletterie. Les os calcinés un charbon qu'on appellé *noir animal*, qu'on vend pour le raffinage du sucre brut.

L'INSTITUTRICE. — Très bien, Élise. Vous voyez, mes enfants, que le cheval nous rend des services même après sa mort !

PALMYRE. — J'ai bien regardé le poulain, il me semble que ses jambes de derrière sont plus longues que celles de devant !

L'INSTITUTRICE. — Bravo, Palmyre ! vous avez bien vu. Cette disproportion des jambes du poulain diminuera avec le temps, elle vous indique que cet animal est dans sa première jeunesse. — Mais que faites-vous donc, Émélie ? vous allez tomber dans la mare, le bord en est glissant ! Je me doute que vous voulez cueillir les nénufars que vous apercevez. Allons, au large, petite téméraire ! avec la crosse de mon parasol je vais vous en atteindre... Enfin ! en voici un beau blanc dont vous vous contenterez, je l'espère. Admirez ses feuilles luisantes, d'un beau vert foncé ; elles sont larges et rondes ; sur elles s'épanouissent de belles fleurs jaunes. Je vous ai nommé cette fleur, c'est le *nénufar* ou *lis des étangs*. Cette plante est aquatique. Pendant tout le temps qu'il y a du froid à craindre, ses feuilles se tiennent roulées sous l'eau ; mais aussitôt que la belle saison est assurée, les pétioles de ses feuilles s'allongent et viennent s'étaler sur la surface liquide ; les fleurs ne tardent pas à sortir en bouton, et à s'épanouir ; le soir, elles replient leurs pétales et reprennent la forme de boutons. Quand la fleur est fécondée, elle redescend sous l'eau et ne remonte plus à la surface ; c'est là que se forme et mûrit le fruit ; c'est là que les graines qu'il contient sont semées au fond de la mare ou de l'étang.

J'aperçois de beaux roseaux, je vais en cueillir quelques-uns.

Regardez, mes enfants, quelle tige lisse, droite et flexible ! Le roseau (*calamus*) a été la première plume. Les sauvages en faisaient des flèches avant de connaître les armes à feu ; ils en trempaient la pointe dans le suc de plantes vénéneuses ; de cette façon, la plus petite égratignure occasionnait la mort. Avec le roseau, les anciens ont fabriqué le premier instrument de musique, la flûte. Il y a certainement loin de cette flûte primitive à celles que nous possédons aujourd'hui! On fait des cannes avec une espèce de roseau appelé *bambou*. Avec le roseau ordinaire, comme ceux que j'ai cueillis, on couvre les maisons rustiques. Mais voici la matinée qui touche à sa fin, hâtons-nous afin d'arriver au but de notre promenade pour midi.

L'angélus sonne à l'église du village quand la petite troupe, affamée et fatiguée, arrive. On prend un sentier qui conduit à la lisière du bois. Là, on pourra manger les provisions qui ont coûté tant de peines à porter !

L'Institutrice. — Halte, mes filles ! voici un endroit ravissant ombragé de jeunes arbres ; la terre est tapissée de mousse, à nos pieds coule la rivière, asseyons-nous.

Pendant une partie du frugal repas, le silence n'est interrompu que par le tic-tac des roues d'un vieux moulin. Tout le petit monde dévore ses provisions sans souci de la faim à venir ! Mais voici un limaçon qui vient de tomber d'un arbre dans l'assiette en papier d'Émélie : cette enfant fait une si drôle de grimace que tout le monde éclate de rire !

L'Institutrice. — Est-ce que ce petit animal vous fait peur, Émélie ?

Émélie. — Mais oui, madame ! je voudrais le retirer de sur mon dîner et je n'ose y toucher !

Gabrielle. — Enfant ! es-tu rassurée ? Je le tiens. Regarde, je vais lui faire sortir la tête de sa coquille !

> Colimaçon borgne,
> Montre-moi tes cornes ;
> Si tu n'me les montres pas,
> Je te mets la tête en bas !

Ah ! ah ! le voilà qui les sort.

Alphonsine. — Tais-toi ! Madame va nous parler sur le limaçon. N'est-ce pas, madame ?

L'Institutrice. — Avec plaisir, mon enfant. Les *escargots*, *limaçons* ou *hélices* appartiennent à la grande famille des *mollusques*, ordre des *pulmonés*, ce qui veut dire que ces animaux sont munis de poumons destinés à respirer l'air comme les nôtres. Ils sont de la section des pulmonés terrestres. Ces animaux sont peu favorisés sous le rapport de la vue, leurs yeux étant placés au bout de leurs tentacules et ne semblant pas leur être très nécessaires. Ils ont une grande finesse de toucher ; le choix qu'ils font de certaines plantes indique un organe du goût. La femelle pond une soixantaine d'œufs blanchâtres, arrondis et enveloppés d'une couche calcaire ; ils sont disposés en grappe ; chaque œuf est de la grosseur d'un grain de chènevis. La femelle les dépose sous les feuilles, sur le tronc des arbres, au bas des murs, ou cachés dans la terre avec un grand soin. Quand les limaçons éclosent, ils possèdent déjà leur coquille complète ; cette coquille est fragile, mais elle durcit et grossit en même temps que le limaçon, qui croît rapidement. Le pied du limaçon transsude un liquide muqueux et gluant qui facilite l'adhérence et aide à sa marche rampante ; cette glu semble nécessaire à l'existence de l'animal. Le limaçon redoute la sécheresse ; on a cependant remarqué qu'il n'aime pas à demeurer au milieu de l'humidité. C'est un animal nuisible, il fait de grands dégâts dans les jardins. On en donne à manger aux poules et aux canards ; mais il ne faut pas abuser de cette nourriture, qui nuit à la qualité de leurs œufs. Le limaçon de vigne, la plus grosse espèce, est très bon à manger, et, pour cette raison, très recherché.

LOUISE. — Que signifie le mot : *mollusque ?*

L'INSTITUTRICE. — Ce mot se dit des animaux qui n'ont ni vertèbres ni articulations et dont le corps est mou... Maintenant que tous les estomacs ont satisfait leur faim, descendons à la rivière, nous pourrons boire de son eau limpide. Elle paraît profonde sous le pont : défense d'y aller sans moi !

Elles sont assises au bord de l'eau, les gracieuses fillettes, la regardant couler en silence. La gentille petite rivière traverse la prairie en chantant sa mélancolique chanson ; les vannes sont ouvertes, l'eau se précipite avec impétuosité sur les roues du moulin abandonné qu'elle couvre d'écume. Quelques fleurs sauvages, aimant la fraîcheur et le bord des eaux, se baignent et se mirent dans ses ondes.

L'INSTITUTRICE. — Cette petite rivière, mes enfants, se nomme la Renault. Il y a nombre d'années, elle prenait sa source au haut de la colline que vous apercevez ; tout à coup, elle disparut pour reparaître au bas de la colline où elle est aujourd'hui. La légende s'est emparée de ce fait, qui n'est cependant pas sans exemples.

PALMYRE. — Vite, vite ! regardez là ! j'ai vu un poisson sortir sa tête de l'eau pour aller attraper une mouche.

Tenez, le voyez-vous ?

L'Institutrice. — C'est une *truite* qui vient à la surface de l'eau pour saisir les insectes aquatiques, ce qu'elle fait avec adresse. La truite est un poisson vorace, mangeant des vers et une infinité de poissons, surtout leur frai. Son corps est médiocrement allongé et comprimé latéralement. Sa coloration varie et est toujours agréable. Son dos offre çà et là des taches noires, ses flancs sont ornés de taches rondes, d'un rouge orangé, entourées d'un cercle pâle ou bleuâtre. Tout le corps de la truite est couvert d'écailles oblongues et striées ; sa tête est épaisse, son museau large et obtus, son œil grand.

Occupons-nous maintenant de cet arbre droit et maigre qui est en face de nous, sur la rive opposée. Qui en sait le nom ?

Charlotte. — Je le prendrais pour un peuplier s'il n'avait des feuilles blanches en-dessous.

L'Institutrice. — Parfait ! c'est un *peuplier blanc.* D'ici vous pouvez apercevoir ses feuilles larges et découpées comme les feuilles de la vigne ; elles sont d'un vert sombre verni en-dessus, et d'une sorte de velours blanc en-dessous. Dans certains pays du Nord, il est admis qu'un peuplier blanc, en bon terrain, prend chaque année une valeur de 1 franc. On coupe d'ordinaire les peupliers blancs à l'âge de vingt ans, parce qu'alors ils passent pour avoir atteint toute leur croissance. Les Romains en faisaient des boucliers à cause de la légèreté de leur bois ; ils les recouvraient de cuir de bœuf. Les anciens avaient consacré le peuplier blanc à Hercule. Je préviens la question que vous allez me faire : Hercule, demi-dieu de la fable, était célèbre par sa force. Ce nom s'emploie au figuré pour désigner un homme fort.

LOUISE. — Depuis un instant j'examine le peuplier en question, il doit y avoir un nid dans sa souche, car j'ai aperçu le charmant oiseau qui est non loin de nous, sur le bord de la rivière, y entrer, puis en sortir, y entrer à nouveau et en sortir encore. Tiens, Émélie, toi qui veux toujours attraper des oiseaux, celui-ci n'a pas l'air farouche, va sans bruit lui mettre un peu de sel sur la queue, et tu l'auras !...

Émélie. — Je sais bien que tu te moques de moi, ma bonne fille ! Mais qu'il est donc joli l'oiseau ! comment se nomme-t-il, madame ?

L'Institutrice. — C'est une *lavandière ;* on l'appelle aussi *hoche-queue.* Ces charmants oiseaux fréquentent le bord des eaux. Observez avec quelle adresse l'oiseau qui est près de nous saisit au vol toutes sortes de moucherons et de cousins sur le bord de l'eau ! Louise a raison, il y a un nid dans l'arbre. La femelle couve ses œufs sans doute et le mâle est à la chasse. Les œufs sont blancs, rayés et tachés de brun, au nombre de quatre ou cinq. Cet oiseau a une longue queue formée de dix plumes noires et de deux blanches qui font une bordure, il la balance gracieusement ; le sommet de sa tête et le dessous de son cou sont noirs, il a comme un demi-masque blanc ; le reste de son corps est vêtu de gris-cendré et de gris-perle. La femelle a la tête brune et ne porte pas de plastron au-dessus du cou.

Ces charmants oiseaux forment leur nid de mousses et de menues racines, l'intérieur est délicatement tapissé de crin et de plumes. Pendant les grands froids, ils vont chercher un asile au milieu des bois et reviennent bien vite à leur gîte habituel. Vous qui trouvez assez bien la définition des mots, Gabrielle, dites-moi pourquoi cet oiseau s'appelle aussi hoche-queue.

GABRIELLE. — *Hocher* veut dire *remuer*, c'est donc parce qu'il remue la queue qu'on l'appelle ainsi.

L'INSTITUTRICE. — Bien. Levons-nous, enfants ; nous allons cueillir du cresson ; j'en aperçois à quelques pas ; l'eau n'est pas profonde en cet endroit, vous pourrez vous avancer sans crainte.

La proposition est accueillie avec joie, car les enfants n'aiment pas à rester longtemps à la même place, si agréable qu'elle puisse être ! Après avoir pris les précautions nécessaires, afin de ne pas se mouiller, on se met à l'ouvrage, c'est à qui cueillera le plus de cresson ; on en forme des bottes que l'on attache avec de la ficelle dont l'institutrice s'est munie.

L'Institutrice. — Cette plante est de la famille des *crucifères* (ce mot signifie : *porte-croix*), à cause des quatre pétales de sa fleur, disposés en forme de croix. Le cresson est aquatique, il se plaît dans les petits cours d'eau et dans les fontaines. C'est un excellent dépuratif, il entre dans la composition du sirop antiscorbutique. On le mange en salade et même sans assaisonnement.

Émélie. — C'est moi qui regrette d'avoir mangé toutes mes provisions ! j'ai faim ! j'ai beau manger du cresson, j'ai toujours faim !

L'Institutrice. — Je crois que vous n'êtes pas la seule !

Acheminons-nous vers la ferme que nous apercevons là-bas, je vais vous offrir une tasse de lait et du pain, si toutefois la fermière consent à m'en vendre.

Il faut faire un grand détour pour gagner le

chemin, les prairies sont inondées. Ce système d'irrigation, qui s'accomplit simplement au moyen de vannes que l'on lève ou baisse, est un puissant moyen de fertilisation pour ces herbages qui promettent une superbe récolte de foins.

La fermière est une femme accorte, petite, rondelette, joufflue, au teint rosé ; avec sa jupe courte, ses manches retroussées, un type parfait de paysanne. Après avoir échangé quelques mots avec l'institutrice, elle vient en souriant dire aux écolières : « Entrez, entrez, petites ! » Les enfants ne se le font pas dire deux fois !... Dans la cuisine, où tout brille de propreté, est une très grande table en chêne, autour de laquelle maîtres et domestiques prennent place, après le travail, pour prendre leurs repas en commun. Les enfants entourent cette table et battent des mains lorsque la fermière dépose devant elles un énorme pain demi-blanc, et une grande jatte remplie de lait, ainsi que quelques tasses. L'appétit rend délicieux les mets les plus vulgaires !... On dévore le pain, on ne laisse pas une goutte de lait, et tout cela sans bruit, sans abuser de l'hospi-

talité si cordialement accordée : la fermière en est
ravie ; aussi offre-t-elle de faire visiter la basse-
cour, bien garnie, dit-elle. En effet, poules, coqs,
canards s'y démènent à l'envi !

L'INSTITUTRICE. — Si vous le permettez, madame
la fermière, nous allons causer un peu sur ces vo-
latiles.

LA FERMIÈRE. — Justement, je n'ai pas beaucoup
à faire aujourd'hui, je finissais de battre mon beurre
quand vous arriviez. J'écouterai avec plaisir vos
explications, madame. Je me croirai écolière pendant ce temps-là !

L'INSTITUTRICE. — Je vous suis vraiment recon-
naissante, madame, du charmant accueil que vous
nous faites ! Je vais parler d'abord de la poule, qui
est le type de la famille des *gallinacés* ; ce mot est
tiré du latin *gallina*, terme qui la désigne dans cette
langue. La poule est granivore et insectivore ; on
croit qu'elle vient de l'Inde. C'est un oiseau domestique doublement précieux en ce que sa chair et

ses œufs fournissent à l'homme une nourriture saine
et abondante. Son cri s'appelle *gloussement*. Chez
ces oiseaux, les narines sont placées de part et
d'autre du bec, les oreilles de chaque côté de la
tête avec une peau blanche au-dessous de chaque
oreille. Leurs pieds ont ordinairement quatre doigts,
trois en avant et un en arrière. Les plumes sortent
deux à deux de chaque tuyau. Ils grattent la terre
avec leurs pattes pour chercher leur nourriture, et
avalent autant de petits cailloux que de grain. Ce
n'est pas parce qu'ils en aiment le goût ! mais
comme ces animaux n'ont pas de dents pour broyer
leurs aliments, ceux-ci arrivent intacts dans le gésier, qui est une poche dont la peau est assez dure.
Les grains y sont d'abord ramollis par le suc gas-
trique ; puis les cailloux font leur office, se mêlant
aux grains par la contraction des muscles du gésier
et les triturant suffisamment pour qu'ils puissent
être digérés. Les poules pondent pendant toute l'année, excepté pendant leur mue, qui dure de six
semaines à deux mois, et qui a lieu vers la fin de
l'automne ou au commencement de l'hiver. Géné-

ralement, à trois ou quatre ans, elles ne pondent plus. Lorsque la poule couve, elle se livre avec tant d'ardeur à cette occupation qu'elle en oublie le boire et le manger, n'omettant aucun soin ni aucune précaution pour mener à bien sa couvée. C'est vers le vingt-et-unième jour de l'incubation que les poussins éclosent. La poule les entoure des plus tendres soins ; elle les surveille, les protège avec un tel dévouement que sa constitution en est ébranlée ; ses plumes sont hérissées, ses ailes traînantes, le son de sa voix est enroué. La poule, si timide, si craintive, devient intrépide par tendresse ; pour défendre ses petits, elle s'élance sur l'ennemi, fût-ce même un chien, et par ses cris, ses battements d'ailes et son audace lui en impose et l'éloigne.

Les poules croissent jusqu'à l'âge d'un an, elles peuvent vivre jusqu'à quinze ans. Lorsqu'elles sont jeunes, leur chair est délicate ; à mesure qu'elles vieillissent, elles deviennent dures et ne se mangent plus que bouillies. Leurs œufs servent à une foule d'usages et à la préparation d'un grand nombre de mets.

La Fermière. — Mon Dieu ! que les enfants d'aujourd'hui sont heureux ! quand j'allais à l'école, moi, on nous apprenait à lire, à écrire et à compter, et encore ! nous ignorions tout, nous ne connaissions seulement pas le nom des plantes et des animaux que nous voyons tous les jours ! Mes petites demoiselles, profitez des leçons qui vous sont données, croyez-moi ! toutes ces connaissances-là vous seront utiles un jour ou l'autre !

L'Institutrice. — Merci de votre appréciation, madame, et du conseil que vous venez de donner à mes élèves. Allons, Charlotte, dites ce que vous savez sur le coq ; j'espère que vous allez me faire honneur !

Charlotte. — Le coq est un oiseau pesant, dont la démarche est grave et lente. Il ne vole que rarement et avec effort, parce que ses ailes sont très courtes. Il est remarquable par sa belle taille, par son regard fier, par sa brillante crête rouge, qui est dentelée comme une scie, par la variété de ses couleurs et par sa magnifique queue, qui ne ressemble à celle d'aucun autre oiseau. Chacun de ses pieds est armé d'un *ergot* pointu ou *éperon*, qui peut atteindre jusqu'à dix centimètres de longueur ; il s'en sert pour combattre ses ennemis. En Angleterre on a tiré parti de l'antipathie que les coqs ont les uns pour les autres pour en faire un spectacle public qui attire la foule : on met deux coqs en présence, aussitôt ils sautent l'un sur l'autre avec colère, et se battent jusqu'à ce que l'un reste sur la place ; quelquefois le vainqueur ne vaut pas mieux que le vaincu !

L'Institutrice. — C'est très bien, Charlotte ! A votre tour, Marie, achevez.

Marie. — Le coq est, comme sa femelle la poule, de la famille des gallinacés ; il est granivore et insectivore. Il chante la nuit comme le jour, il annonce le lever du soleil ; c'est le réveille-matin de la ferme. Lorsqu'un coq chante, d'autres plus éloignés lui répondent, il en est de même pour ceux-ci. Le coq a beaucoup de soin pour ses poules, il les conduit, les défend et va chercher celles qui s'écartént. Les plumes du coq servent d'ornements pour les chapeaux, on en fait aussi des plumeaux pour épousseter les meubles. Quand le coq est jeune, sa chair est excellente rôtie ; sa crête est un mets recherché.

L'Institutrice. — Je suis satisfaite de vous, Marie. A vous, Jeanne, dites ce que vous savez sur le canard.

Jeanne. — Le canard est un oiseau qui passe une partie de sa vie sur l'eau. Les canards sont de la famille des *palmipèdes*. Ils ont, comme tous les oiseaux de cet ordre, les doigts réunis par une membrane qui leur permet de nager facilement. Ils ont le bec large, épais, dentelé sur les bords, la langue épaisse très dure à l'extrémité ; la queue courte, les jambes placées très fort en arrière, de sorte qu'ils éprouvent de la difficulté pour marcher et garder l'équilibre sur terre. Le plumage du canard est de diverses couleurs. On distingue deux sortes principales de ces oiseaux : le canard domestique et le canard sauvage. Les canards domestiques sont

ceux qu'on élève et qui séjournent dans les basses-
cours. La femelle du canard s'appelle *cane*. Elle est
moins grosse que le mâle, qui se distingue encore
par quelques plumes de la queue se relevant en
forme de crochets. Les œufs sont trente-et-un
jours à éclore. Les petits se nomment *canetons*. On
leur donne à manger du son, des herbes hachées,
du gland, des restes de viande et de soupe.

L'Institutrice. —Bien, ma petite Jeanne. Et vous,
Louise, ne trouvez-vous pas encore quelque chose
à dire sur le canard ?

Louise. —Le canard est fort utile, il coûte peu à
nourrir, sa chair est très bonne à manger, mais
difficile à digérer. La chair du canard sauvage est
plus saine et de meilleur goût que celle du canard
domestique.

L'Institutrice. — Les canards sauvages ne font,
pour ainsi dire, que passer et repasser dans nos contrées, ils retournent au printemps dans les pays du
Nord. La chasse aux canards sauvages demande

beaucoup de ruses, il y a plusieurs manières de les chasser. C'est principalement le soir et même la nuit que ces oiseaux prennent leur volée, soit pour chercher leur nourriture, soit pour voyager. Les plumes de l'estomac et du ventre des canards servent à faire des objets de coucher.

PALMYRE. — J'admire les culbutes et les plongeons que font les canards de M$^{me}$ la fermière dans la petite mare ! ont-ils l'air heureux ! comme ils se débarbouillent ! Ils font un mouvement qui me semble singulier ! chaque fois qu'ils peignent leurs plumes, ils passent leur bec au-dessus de leur queue, puis après ils repassent leurs plumes dans leur bec ; pourquoi donc, madame ?

L'INSTITUTRICE. — Chaque *canard* possède sur la queue une glande spéciale qui secrète une huile assez épaisse et un peu odorante, une espèce de graisse liquide qui lui sert à enduire ses plumes. Grâce à cela, l'eau ne pénètre plus et le canard, dont l'habit est devenu imperméable, navigue sur l'eau la plus froide sans s'en apercevoir.

LA FERMIÈRE. — Je vous félicite, madame et mes petites demoiselles. J'ai passé un bon moment avec vous ! Il faut que j'aille faire boire mes veaux, puis faire le souper pour mes gens. Combien je regrette de vous quitter ! Promettez-moi, madame, de revenir me voir avec vos savantes écolières, je leur offrirai la collation.

L'INSTITUTRICE. — J'accepte avec plaisir. Au revoir donc, madame. Nous allons maintenant nous acheminer vers le bois voisin pour cueillir quelques fleurs.

On prend congé de l'aimable fermière et on se précipite vers le bois.

ÉMÉLIE. — J'aperçois des jacinthes. Qui arrivera première ?

Toutes se précipitent, et c'est un brouhaha indescriptible ! Elles arrivent en même temps, se poussent. C'est à qui atteindra la touffe de fleurs. Plusieurs tombent, la pauvre plante est écrasée ! Ce petit incident se termine par des éclats de rire, et on se remet plus raisonnablement à la recherche de nouvelles fleurs. Le printemps s'avance, c'est difficilement que l'on retrouve quelques jacinthes tardives. On espérait faire un énorme bouquet, il faut se résigner !

Louise. — Acceptez ces fleurs, madame, et soyez assez bonne pour nous en dire quelques mots.

L'Institutrice. — Merci, gracieuse enfant ! La *jacinthe* est de la famille des *liliacées*. La gentille plante a sous terre un *bulbe*, c'est-à-dire un oignon semblable au bulbe du lis, de la tulipe, et à l'oignon que nous mettons dans nos potages, et sous lesquels les racines blanches forment une sorte de chevelure. Les feuilles de la jacinthe sont allongées, pointues à l'extrémité, molles, lisses, d'un beau vert. Du milieu de la touffe de feuilles se dresse la tige, verte et molle, qui porte des boutons, puis des fleurs. Chaque fleur a la forme d'un petit tuyau renflé en sac à la partie inférieure, et terminée par six longues dentelures qui s'étalent en étoile. Au fond de la fleur, on aperçoit, rangées en cercle, les anthères allongées des étamines, portées sur de courts filets;

puis, tout au centre, une petite boule surmontée d'une tige droite et courte, c'est le pistil. La fleur se flétrit et tombe, la partie arrondie en boule du pistil, que l'on nomme *ovaire*, grossit et devient le fruit ; lorsqu'il est mûr, il se fend en trois parties et laisse échapper les graines.

Élise. — Si nous cueillions du lierre ? nous en ferions des guirlandes pour en orner la tribune de madame !

Aussitôt dit, aussitôt fait ! Les voilà toutes tirant à qui mieux mieux sur les branches de lierre qui entourent les arbres. En peu d'instants, elles en ont la charge d'un mulet.

L'Institutrice. — Mais, mes pauvres enfants, songez à la route que nous avons à faire pour retourner chez nous ! ne vous chargez pas, croyez-moi.

Palmyre. — Une idée ! nous allons attacher toutes les branches avec une ficelle, nous en ferons un chariot que nous traînerons, cela nous fera oublier notre fatigue. Le voulez-vous, madame ?

L'Institutrice. — Certes, si cela vous amuse. Mais c'est à la condition que vous écouterez les quelques mots que je vais vous dire. Le *lierre* est de la famille des *ombellifères*. C'est une jolie plante grimpante qui se cramponne étroitement aux vieux murs, à la pierre, à l'écorce rude des vieux troncs. Ses jeunes rameaux, tendres et fragiles, trop faibles pour se soutenir seuls, s'accrochent aux arbres par les petites racines que vous voyez tout le long des tiges, et qu'on nomme : *racines adventives*. Elles s'attachent si fort, qu'on les briserait plutôt que de les détacher. Vous en avez fait l'expérience tout à l'heure. Les feuilles du lierre sont lisses, d'un beau vert frais, jaunâtre d'abord, puis très foncé ; elles sont portées sur un *pétiole* ou petit pied et découpées à trois ou à cinq pointes. Les feuilles qui naissent près des groupes de fleurs sont plus larges et sans découpures. Les fleurs, petites, verdâtres, sont disposées en groupes, en bouquets arrondis qu'on nomme *ombelles*, et qui rappellent la forme étalée d'un parasol ouvert. Chaque fleur a sa petite corolle ou étoile de cinq pétales pointus. Au dedans cinq étamines, dont les filets portent des anthères semblables à des têtes d'épingles. Au centre, le pistil, petite bouteille verdâtre. Le pistil grossit, devient le fruit, qui est une *baie*, une petite boule verte et dure d'abord, puis noire et molle, semblable à un grain de cassis et contenant les graines.

Pauline. — Je connais cela!... j'ai voulu en manger, mais cela m'a semblé tellement mauvais que je n'ai pas été tentée de recommencer !

L'Institutrice. — Retenez bien ceci, mes enfants, il ne faut jamais mettre à votre bouche aucune fleur, ni manger aucune baie ; il y en a beaucoup de vénéneuses que vous ne connaissez pas.

Pauline. — Nous serons hors du bois dans un instant. Tenez, madame, voici encore un arbre marqué d'une ligne blanche comme j'en ai vu beaucoup dans le fourré; qu'est-ce que cela veut dire ?

L'Institutrice. — Les bois étant exploités par leurs propriétaires, les arbres destinés à être coupés sont généralement marqués comme ceux-ci. Il y a deux sortes de coupe : 1° la *coupe pleine* ou *coupe à blanc,* qui consiste à couper les arbres à ras le sol afin que les souches restantes donnent des recrues ; dans la coupe blanche on enlève tous les arbres, n'en laissant que quelques-uns pour porter graines ; 2° la *coupe sombre,* qui consiste également à couper les arbres à ras le sol, mais à ne couper qu'une partie des arbres à la fois. Un autre mode d'abattage des arbres est l'arrachage ; dans ce cas, on enlève la souche avec les racines, mais vous comprenez qu'il ne peut plus pousser de bois, il faut alors ou semer des arbres ou repiquer du jeune plant que l'on a pris dans une pépinière.

Je vais vous dire quelques mots sur les différentes sortes de bois. Les bois se divisent en quatre classes : bois *durs*, bois *résineux*, bois *blancs*, bois *fins*. J'y ajouterai, seulement pour mémoire, une cinquième classe, celle des bois *exotiques*.

Les bois durs sont : le chêne, le châtaignier, l'orme, le noyer, le hêtre et le frêne. Les bois résineux : le pin, le sapin, le mélèze, le cèdre, le cyprès et l'if. Les bois blancs : le peuplier, le tremble, l'aulne, le bouleau, le charme, l'érable, le tilleul, le platane, le saule, l'acacia, le laurier et le marronnier d'Inde. Les bois fins : le mérisier, le sorbier, le poirier, le buis, le pommier, le néflier, l'alisier, le prunier, le cornouillier, l'arbousier. Quant aux bois exotiques, ils sont fournis par l'Amérique, l'Asie méridionale et l'Océanie ; les principaux sont : l'acajou, l'amarante, l'ébène, l'érable, le gayac, le palissandre, le bois de rose. Tous ces bois sont employés dans les arts industriels. L'orme et le frêne sont travaillés par les charrons à cause de leur ténacité. L'aulne, l'orme et le charme servent à faire des tuyaux et des corps de pompe, parce qu'ils sont peu corruptibles. Le tonnelier emploie de préférence le chêne, qui est imperméable. Le tremble et le hêtre servent à faire des sabots, des boîtes à sel et divers ustensiles de ménage ainsi que des ouvrages de boissellerie. Le châtaignier, le frêne, le chêne, le saule et le bouleau sont employés pour les manches des outils aratoires. Les tourneurs-chaisiers emploient le cerisier, le merisier, le noyer, le frêne et parfois le hêtre et el chêne. En général, tous les bois et particulièrement les bois exotiques, ou *bois des îles*, sont travaillés par les tabletiers et les menuisiers ébénistes. Pourriez-vous, Alphonsine, me citer quelques-uns des oiseaux qui nichent et habitent dans les bois ?

ALPHONSINE. — Les pigeons ramiers, les tourterelles, les corneilles, les geais, les piverts, les coucous, les rossignols, les merles, les oiseaux de proie.

L'INSTITUTRICE. — Pas mal. En route maintenant, mes enfants, le temps se gâte ! Nous arriverons tard chez nous ; heureusement, vos parents sont prévenus, ils ne s'inquiéteront pas.

Voici nos promeneuses auprès de la rivière qu'il faut traverser, par le pont, pour regagner la route. Louise, qui aime les fleurs et en cherche partout avec succès, a découvert de superbes plantes de myosotis dont le pied baigne dans l'eau. Les cueillir, en faire un bouquet et l'offrir à l'institutrice est l'affaire d'un instant. Mais Marie s'est piquée d'amour-propre, elle revient avec une touffe de joncs fleuris.

Les oiseaux de la basse-cour.

Pour récompense, ces aimables enfants demandent quelques mots d'explication.

L'Institutrice. — En voici une journée qui comptera parmi les plus fertiles ! Le *myosotis*, de la famille des *borraginées*, croît dans les lieux humides, au bord des ruisseaux et des rivières ; il a souvent le pied dans l'eau. Ses tiges sont frêles, vertes, légèrement velues ; ses feuilles ovales, terminées en pointe, sont peu velues en dessous, lisses en dessus, d'un joli vert. Ses rameaux se terminent par des groupes de fleurettes bleues. Chacune de ces fleurettes est pourvue d'un calice à cinq pointes. La corolle est formée de cinq larges pétales arrondis, soudés ensemble. A l'intérieur de la fleur, voyez, il y a cinq étamines dont les anthères sont portées sur des filets grêles et courts. La partie inférieure du pistil, logée dans la coupe du calice, a la forme d'un œuf : c'est l'ovaire où se forment les graines, qui, lorsqu'elles sont mûres, tombent sur la terre humide ou sont entraînées quelquefois au loin, au courant du ruisseau et semées sur ses rives.

Autour du jonc, maintenant. Je parlerai en marchant, car voici venir la fin du jour. — Le *jonc fleuri* est de la famille des *potamées*. C'est une jolie plante qui croît aux bords des ruisseaux, le pied dans l'eau. Sa grosse tige rampante et noueuse, enfoncée sous l'eau, porte de nombreuses racines fibreuses. Remarquez que ses feuilles sont longues et étroites, terminées en pointe aiguë, tranchantes sur les bords; elles rappellent celles des iris et des roseaux. Vous voyez que ces fleurs sont disposées en groupes ; un groupe ainsi disposé s'appelle une *ombelle*. A l'intérieur de la fleur neuf étamines, qui portent leurs anthères sur des filets grêles. Au centre de la fleur sont le style et l'ovaire. Quand la fleur est flétrie, les pistils grossissent et forment le fruit, qui, lorsqu'il est mûr, laisse échapper les graines, qui tombent sur la terre humide ou au fond de l'eau, germent et reproduisent la plante.

ALPHONSINE. — Ah! ah! mesdemoiselles! il n'y a pas que vous pour trouver des fleurs que nous ne connaissons pas! Moi aussi j'en ai une belle, dont je suis sûre que vous ne savez pas le nom! Voyez!

**MARIE.** — Et toi, le sais-tu mieux que nous?

**ALPHONSINE.** — Aujourd'hui, non; mais, comme j'écoute attentivement ce que nous dit madame et que j'ai bonne mémoire, quand elle nous l'aura appris, je ne l'oublierai pas, moi !

**L'INSTITUTRICE.** — Un peu moins de présomption, Alphonsine: je mettrai bientôt cette bonne mémoire à l'épreuve. En attendant, donnez-moi la fleur, afin que je puisse la faire examiner à toutes, elle est vraiment curieuse. Cette fleur est de la famille des *aroïdées*, elle se nomme *arum tacheté*, elle est connue aussi sous le nom de *gouët* ou *pied de veau*. Elle croit dans les lieux humides et ombragés, et au bord des ruisseaux. Ses feuilles sont larges, d'un vert vif et luisant, mouchetées de taches brunes, ayant la forme de fer de pique à trois pointes; elles sont portées sur de longs pétioles creusés en gouttière. La feuille blanche roulée en cornet qui s'élève du milieu des feuilles pourrait être prise au premier coup d'œil pour la fleur, c'est la *spathe*. La tige qui se dresse au milieu se nomme le *spadice*, il porte à son pied les fleurs cachées dans le sac de la spathe. Les ovaires devenus fruits apparaissent rangés en épis serrés autour du spadice quand la spathe est flétrie et tombée.

Voici Pauline qui a décidé Palmyre à prendre place dans le chariot de branchages : elle s'y attelle aux cris joyeux de : « hue ! » L'équipage soulève un nuage de poussière ! Tout à coup, un formidable éclat de rire retentit ! les frêles brides du char ont cédé sous le poids.... Pauline est tombée en avant et Palmyre en arrière ! Les vêtements de Pauline sont poudreux, elle les secoue et se frotte les genoux, tout cela d'un air si piteux qu'on ne peut se défendre de rire. Quant à Palmyre, elle est enfouie sous son char, son chapeau est accroché à une branche, elle a perdu un de ses souliers. L'institutrice vient à son secours, elle l'aide à sortir de sa position difficile : on retrouve le soulier, on débarrasse le chapeau et on se remet en marche. Il fait nuit. Le ciel est couvert. De temps en temps on aperçoit quelques étoiles et un coin de la lune que les nuages voilent. On distingue à peine la route. Au loin les chiens aboient, on entend le hululement de la chouette, c'est sinistre !... les enfants sont impressionnées. L'institutrice donne l'ordre de chanter à deux parties : *Prenons le temps comme il vient* (de Delcasso). Elles l'entonnent avec répugnance ; mais peu à peu la gaieté reprend le dessus de la peur. C'est d'une voix assurée et au pas, comme de vrais troupiers, qu'elles chantent :

> Tourner est le lot de ce monde,
> Tout cède aux lois du mouvement.
> Le train de la terre et de l'onde
> Se règle au gré du changement.
>
> Ce branle inquiet, c'est la vie :
> Bien fou le mortel qui s'y tient !
> Plus sage, en Dieu seul je me fie
> Et prends le temps comme il me vient

La mélodie a quatre couplets, ils sont enlevés, bissés !... la bonne humeur est revenue. Mais voici une *effraie* qui passe, elle vole sans bruit ; malgré l'obscurité, on aperçoit ses grandes ailes ; elle fait entendre le bruit qui lui est habituel lorsqu'elle vole *crrrr crrrr.*

L'INSTITUTRICE. — Voyons, Alphonsine, prouvez-nous que vous avez de la mémoire ; vous souvenez-vous de ce que j'ai dit précédemment de l'effraie?

ALPHONSINE. — Oui, madame. L'*effraie* est de l'espèce des *rapaces nocturnes ;* elle est de forte taille ; ses ailes ont à peu près un mètre d'envergure. Elle habite les bois pendant l'été et ne sort que le soir pour chasser. L'effraie commune se trouve dans toute l'Europe. Son plumage est varié de jaune, de gris, de blanc et de brun. C'est le plus joli des oiseaux nocturnes. La femelle pond cinq ou six œufs, qu'elle dépose dans des trous de murs ou dans le creux des rochers ou des vieux arbres, sans prendre la peine de les tapisser d'herbes. L'effraie détruit une quantité innombrable de petits rongeurs, c'est donc un animal utile.

L'INSTITUTRICE. — Bien, mon enfant, votre mémoire est bonne ; seulement, je vous engage à être modeste. Rien n'est beau comme l'ignorance d'une jeune personne sur les avantages qu'elle possède!

Pour en revenir à l'effraie, je puis vous certifier son utilité. Des enfants m'en avaient apporté une toute jeune, je l'apprivoisai. J'habitais au bord d'une petite rivière : ma maison était infestée de rats d'eau. A partir de ce moment, je fus débarrassée de ces rongeurs, mon effraie m'avait rendu à elle seule plus de services que plusieurs chats.

Élise. — Avez-vous encore votre effraie, madame ?

L'Institutrice. — Non, mon enfant ; lorsque j'ai changé de résidence, je n'ai pu l'emporter. Du reste, elle n'était pas enfermée chez moi, elle sortait la nuit et revenait à sa volonté : elle n'aura pas souffert de mon abandon. Elle m'était très attachée.

Depuis quelques instants, une chauve-souris passe et repasse au-dessus de la tête des promeneuses attardées ; elle frôle le visage tantôt de l'une, tantôt de l'autre. Mais Émélie est avisée! sa main est toute prête, elle saisit la pauvre bête par une aile et la donne à la maîtresse. Les petites écolières l'entourent.

L'Institutrice. — La nuit est tellement sombre, mes petites, qu'il est presque impossible d'examiner cet animal en détail. Cependant, vous pouvez apercevoir son corps poilu. La *chauve-souris* n'est pas un oiseau, c'est un mammifère de la famille des *cheiroptères*. Ses doigts très longs sont garnis d'une membrane en forme d'aile qui lui sert pour voler. Cet intéressant animal marche à la manière des quadrupèdes, mais sa démarche est gênée, il est obligé de replier ses membres antérieurs contre son corps ; chaque pas qu'il fait le renvoie de droite à gauche, ce qui ne l'empêche pas de courir avec une certaine prestesse. Les chauves-souris sont des animaux nocturnes. Elles sont gloutonnes, voraces, et par conséquent détruisent chaque soir une quantité considérable d'insectes nocturnes et crépusculaires. La chauve-souris est donc un animal utile, qu'il importe de protéger. Il ne faut pas voir en elle un présage de mort, comme le croient les ignorants.

On devra aussi oublier sa laideur et ne se souvenir que des services qu'elle rend. Laissons notre prisonnière reprendre sa liberté !... Pauvre bête! est-elle heureuse de s'envoler !

Toutes les petites filles, le nez en l'air, essayent d'apercevoir la chauve-souris, qui disparaît promptement.

JEANNE. — Oh là, là ! j'ai une grosse bête qui me gratte le cou ! Madame, vite, vite ! Elle est grosse comme mon poing ! oh ! vite, madame, venez à mon secours !

L'institutrice effrayée s'avance, les petites filles se reculent épouvantées. Quelle est la cause de cette émotion ?... Un misérable hanneton !... L'institutrice le tient entre ses doigts et rit de tout son cœur. Jeanne est honteuse d'avoir fait tant de bruit pour si peu de chose! Les peureuses, en entendant rire leur maîtresse, s'avancent et rient à leur tour.

L'INSTITUTRICE. — Voyez combien la peur grossit les objets, Jeanne! Allons, riez, petite peureuse, et écoutez. Le *hanneton* est un *coléoptère*. C'est encore un animal à métamorphoses. Lorsque la femelle est disposée à pondre, elle s'enfonce en terre, où elle se creuse un trou de $0^m,16$ environ de profondeur ; elle y dépose une trentaine d'œufs. Elle choisit de préférence une terre meuble et perméable ; ce qui explique qu'il y ait plus de larves dans les jardins que partout ailleurs, parce que la terre y est continuellement remuée. Quand les œufs sont éclos, les petites larves qui en sortent s'enfoncent plus avant dans le sol pour reparaître au printemps ; elles font de grands ravages près de la surface, coupant toutes les racines qu'elles rencontrent. Au mois de juillet de leur troisième année, elles se construisent une coque de terre en forme d'œuf, dans laquelle elles se transforment en nymphes ; elles quittent cet œuf à l'état parfait, c'est-à-dire à l'état de hannetons. Le hanneton sort alors de terre et s'envole. Sous cette dernière forme, la vie de l'insecte ne dépasse pas une douzaine de jours. Guerre aux hannetons, ces terribles ennemis de nos jardins ! écrasez, détruisez tous ceux que vous trouverez ! Je donne l'exemple en mettant le pied sur celui-ci.

Voici chaque enfant remise entre les mains de ses parents. Il est dix heures ! On n'est pas habitué à se coucher si tard au village ; mais les enfants sont si heureuses, que pas une mère ne songe à s'en plaindre.

Cette journée restera gravée dans tous ces jeunes cœurs ! Souvenirs joyeux, souvenirs utiles, souvenirs où tous les bons sentiments trouveront une place !

# VI

Le Blé et son emploi. — Coquelicot. — Bleuet. — Pigeon-
ramier. — Émouchet. — Noix de galle. — Perdrix. —
Plantain. — Chardon. — Caille. — Bourrache. — Seigle.
— La Vache et ses produits. — Trèfle. — Gui. — Veau. —
Chèvrefeuille. — Colza. — Lin. — Mauve. — Maïs. — Pommier.
— Néflier. — Clématite. — Abeille, miel et cire.

La saison s'avance ; nous sommes au mois de juillet, les promenades scolaires touchent à leur fin.
Malgré une chaleur étouffante, les petites écolières
sont au milieu des champs, car il est convenu qu'on
va étudier les céréales, les oiseaux, les fleurs, ce
que l'on verra enfin.

L'Institutrice. — Aujourd'hui, mes enfants, vous
allez me prouver que vous avez profité de mes leçons. Voyons, Élise, cueillez un épi de blé et dites-
nous tout ce que vous voudrez sur cette plante.

ÉLISE. — J'espère que vous serez satisfaite de moi, madame. Le *blé* est de la famille des *graminées*. Il comprend l'épi et la tige. L'épi est la partie qui termine la tige et qui renferme le grain; quand il est mûr, il se détache aisément. Le meunier en fait de la farine, et avec cette farine le boulanger façonne le pain. Quand l'épi est dépouillé de son grain, il sert à la nourriture des bêtes de somme. La tige qui porte l'épi s'appelle la *paille*. Lorsque la paille est sèche, on l'utilise pour la nourriture des animaux domestiques, et aussi pour leur donner de la litière; après qu'elle a séjourné dans les étables et dans les écuries, elle passe à l'état d'engrais. On fait encore avec la paille des paillassons grossiers, des toitures pour les habitations rustiques, comme aussi des chapeaux et des paniers. De même avec la farine on compose, en outre, des pâtes alimentaires auxquelles on donne différents noms et différentes formes ; telles sont: le vermicelle, le macaroni, les nouilles.

L'INSTITUTRICE. — Parlez-nous un peu du meunier.

Élise. — Le meunier moud le blé, soit à l'aide d'un moulin à eau, soit à l'aide d'un moulin à vent. Le son est la première pellicule qu'on extrait du grain. La farine de froment est blanche ; elle fournit le pain de première qualité et le biscuit qui sert à la nourriture des marins. Le pain que l'on donne aux soldats, et qu'on appelle *pain de munition*, est fait avec de la farine de froment ; mais elle contient une assez forte quantité de son. Le pain de ménage est mélangé de farine de froment et de farine de seigle.

L'Institutrice. — C'est bien, mon enfant. Allongez la main, Gabrielle, et cueillez ce coquelicot qui se balance derrière nous. Bien. Maintenant, faites-nous une petite démonstration sur ce sujet.

Gabrielle. — Le *coquelicot*, de la famille des *papavéracées*, est une jolie fleur rouge feu, de l'espèce du pavot. Ses tiges sont minces, vertes, couvertes de poils. Ses feuilles s'étalent à partir de la tige, découpées en fines et étroites dentelures. Le bouton, porté sur une haute tige sans feuilles, est penché vers la terre. Je l'ouvre ; à l'intérieur sont renfermés les pétales de la corolle, plissés, chiffonnés, serrés. Je regarde la fleur épanouie, je vois que les pétales de la corolle sont au nombre de quatre. Au dedans de la fleur est une gerbe touffue d'étamines dont les anthères sont portées sur de minces filets. Au centre est le pistil en forme d'œuf, coiffé d'une crête dentelée, étalée en roue. Ce petit œuf est l'ovaire. Quand les rouges pétales tombent, l'ovaire grossit ; il contient une quantité de petites graines noires. Lorsque le vent secoue le fruit mûr, les graines sortent par les petits trous qui sont sous la bordure de la crête. Le coquelicot est une fleur pectorale, avec laquelle on confectionne de la tisane qui a la propriété de faire transpirer.

CHARLOTTE. — Regardez, madame, quels jolis bleuets il y a dans le champ de blé ! Voulez-vous que j'en cueille ?

L'INSTITUTRICE. — D'abord, mes compliments à Gabrielle, qui s'est bien acquittée de sa tâche. Cueillez des bleuets, Charlotte, puis parlez-nous de cette charmante fleur.

CHARLOTTE.— En voici une branche. Le *bleuet* est de la famille des *composées*. Sa tête élégante constitue tout un groupe de petits fleurons, un bouquet, que l'on nomme *capitule*. Au milieu du bouquet sont les fleurons, petits, minces ; chacun d'eux est une fleur complète qui a son calice formé d'une touffe de petits poils. Sa corolle ressemble assez à la corolle d'une fleur de lilas, en forme de tuyau à la partie inférieure et s'épanouissant en haut par cinq petites dentelures étalées. Au centre est le groupe serré des étamines, ensuite le pistil, qui s'élève, mince comme un fil, du fond de la petite fleurette. Au fond, la partie renflée du pistil forme l'ovaire, qui deviendra le fruit contenant la graine de la plante.

ÉMÉLIE. — Avec tout cela, tu ne nous as pas parlé de la belle couronne bleue de la fleur !

CHARLOTTE. — Terrible enfant sans patience ! tu interromps toujours les autres ! tu es insupportable !

L'INSTITUTRICE. — Allons, Charlotte, modérez-vous

et sachez entendre ce qui vous contrarie sans vous fâcher ! Achevez votre démonstration.

CHARLOTTE. — Cette gracieuse couronne est formée de fleurons plus larges et plus épanouis, sans pistils ni étamines et ne portant pas de graines. Ce groupe de fleurs est soutenu par une petite coupe verte qu'on nomme *involucre*. Les fleurs des composées sont disposées ainsi.

L'INSTITUTRICE. — Bien, mon enfant. Levez les yeux, petites, qu'apercevez-vous ?

PLUSIEURS. — Des pigeons-ramiers.

L'INSTITUTRICE. — Est-ce tout ? Ne remarquez-vous pas que les pauvres bêtes sont affolées ? elles ne savent quelle direction prendre ! Pourquoi donc ?

LOUISE. — Il me semble qu'elles fuient un oiseau qui est parmi eux et qui ne leur ressemble pas.

L'INSTITUTRICE. — C'est bien cela, Louise. Les pauvres bêtes sont poursuivies par un émouchet. *L'émouchet* est de l'espèce des *rapaces diurnes;*

cet oiseau ne tardera pas à mettre en pièces le pauvre pigeon qu'il va bientôt atteindre. Les oiseaux de
proie ont un bec crochu et aigu, des ongles longs
et acérés qu'on nomme *serres*. Le vol de l'émouchet
est rapide, ses ailes sont longues et pointues.

JEANNE. — Oh ! la méchante bête ! il tient un des
pauvres pigeons ! comme il descend vite ! c'est pour
aller le manger, sans doute ?

PALMYRE. — C'est comme cela la vie, ma fille !
tout le monde s'entre-mange !

On rit beaucoup de la réflexion philosophique de
Palmyre, et on se remet en marche.

L'INSTITUTRICE. — Mais, mes pauvres petites, nous
sommes cuites sur cette route sans ombrage ! Prenons ce petit sentier, j'aperçois quelques arbres. Là,
nous attendrons, en goûtant, que l'ardeur du soleil
soit calmée.

Tout le petit monde s'assied à l'ombre avec
plaisir. On est dans une de ces grandes fosses si
communes dans ce pays. Émélie la décore du nom

pompeux d'oasis ! on rit, on mange, on boit. Mais voici quelques écolières qui vont à la découverte ; elles reviennent bientôt en s'écriant :

— C'est nous qui avons trouvé de belles pommes de chêne !

L'Institutrice. — Mes petites amies, je vous recommande de ne pas les porter à votre bouche, cela pourrait vous rendre bien malades. Cette espèce de petite pomme s'appelle *noix de galle*. C'est une excroissance ligneuse qui se développe sur les rameaux et les feuilles de certains arbres par suite de la piqûre d'un insecte du genre *cynips*. La noix de galle, une des substances colorantes dues au règne organique, fournit une teinture pour le brun et le noir ; elle entre aussi dans la composition de l'encre.

Marie. — Je ne m'explique pas comment cette petite pomme peut se produire.

L'Institutrice. — Le petit insecte qui la produit, après s'être choisi une feuille à son gré, sue du coton pour faire son nid ; ensuite, sans bouger de place, il pond ses œufs et meurt. La carapace de son dos, collée à la branche ou à la feuille, sert de maison à la petite larve, qui sort de sa retraite lorsque le moment en est venu. C'est merveilleux, n'est-ce pas ?

MARIE. — Oh ! oui, madame.

JEANNE. — Chut ! je viens de voir un gros oiseau sortir du champ de blé qui nous fait face ! ne bougeons pas, peut-être va-t-il revenir.

En effet, l'oiseau revient ! c'est une perdrix qui a sa couvée dans le champ voisin.

L'INSTITUTRICE. — Vous ne vous figurez pas, mes petites amies, combien je suis heureuse de vous voir prendre intérêt aux belles choses de la nature ! Ce bel oiseau gris est une *perdrix*. Nous nous contenterons de l'admirer de loin, car elle s'envolerait à notre approche ; puis, nous n'avons pas le droit de traverser ainsi un champ sans la permission du cultivateur ; disons quelques mots sur la perdrix. Cet oiseau est de la famille des *gallinacées ;* la poule est le type de l'espèce. La perdrix est granivore. On ne sait encore s'il faut la classer parmi les animaux nuisibles. Il est certain qu'elle nourrit ses petits de larves, de vers, d'insectes ; il faut qu'elle se pourvoie pour elle-même avant la maturité des blés. Si la perdrix n'est pas utile au cultivateur, elle ne lui est guère nuisible. Sa chair est délicieuse. Les perdrix grises commencent à faire leur nid vers les premiers jours d'avril dans les blés ou dans les prairies artificielles. Elles font deux couvées ; chaque ponte est de douze à vingt œufs, d'une couleur gris-verdâtre. Quand les petits perdreaux sortent de l'œuf, ils se mettent à courir comme les petits poulets. La perdrix est très courageuse pour défendre ses petits. Le mâle emploie même des ruses étonnantes pour sauver sa couvée, pour éloigner du nid le chien et le chasseur, afin que la femelle et ses petits aient le temps de s'enfuir. C'est admirable, n'est-ce pas ?

Élise. — Bien sûr ! Que tout ce qui se passe parmi

les animaux est intéressant !... Quel beau plantain
j'aperçois ! je vais en cueillir pour mon petit oiseau.
Voulez-vous m'attendre, madame ?

L'Institutrice. — Passez-m'en une plante ; pendant que vous ferez votre provision, je parlerai. Le
*plantain* est de la famille des *plantaginées,* c'est le
type de l'espèce. Il croît dans les champs et au
bord des routes. C'est une herbe à grosse racine,
à tige courte. Ses feuilles longues, ovales, terminées en pointe, naissent au ras de terre. Les espèces de côtes qui parcourent la feuille sont au
nombre de cinq ; elles s'écartent dans la partie large
de la feuille et se rapprochent vers la pointe. Les
fleurs du plantain, très petites, nombreuses et tas-
sées, forment des épis minces, allongés, serrés,
portés sur de longs pédoncules verts. Les fleurettes
sont si petites qu'il est difficile d'en distinguer les
diverses parties. Chaque fleur contient un très petit
pistil en forme d'œuf surmonté d'un filament grêle.
Lorsque les étamines sont tombées, chaque pistil
grossit et devient un petit fruit qui contient des

graines brunes. Quand les fruits sont mûrs, l'épi est brun. Celui que vous cueillez, Élise, ne pourra vous servir, il est vert.

Louise. — Que Palmyre est méchante ! voyez, madame, elle me piquait avec cette branche de chardons !... Je la lui ai arrachée.

L'Institutrice. — Oh ! la méchante Palmyre ! Approchez-vous, ma Louise, je vais, pour vous consoler, dire quelques mots sur cette fleur. Le *chardon* est de la famille des *composées :* ses fleurs sont gentilles, d'une couleur rose ou pourprée ; ses tiges et les rameaux de sa plante pourvus d'aiguillons très piquants ; ses feuilles grandes, allongées, d'un vert grisâtre, dentelées sur les bords, chaque dentelure se terminant par une sorte d'épine très aiguë et très dure ; la surface de la feuille et ses grosses côtes sont aussi armées d'aiguillons. Les feuilles paraissent comme chiffonnées, leurs piquants se dressent de toutes parts, on ne peut les saisir sans se blesser. Comme nous avons vu pour la pâquerette, le bleuet et d'autres fleurs de la famille des composées,

les jolies têtes fleuries du chardon sont des groupes
serrés de petites fleurettes. Chaque fleuron est une
fleur complète. Quand les fleurettes sont flétries,
leurs corolles tombent, les ovaires restés dans l'involucre grossissent et deviennent de petits fruits
semblables à de petites graines brunes ovales, mu-
nies chacune d'un joli panache de poils soyeux. Le
vent les détache, les enlève et les sème au loin.
L'âne est très friand du chardon. Le chardonneret,
ce charmant oiseau de l'ordre des passereaux, aime
surtout les graines du chardon, ce qui lui a fait
donner son nom. Dirigeons-nous, mes petites amies,
vers cette pièce de trèfle ; il me semble avoir vu un
oiseau y entrer.

On marche en file indienne, car le sentier est étroit;
on fait silence, et, au bout de quelques instants, on
entend le cri d'un oiseau, cri qu'Émélie, ennuyée d'un
trop long silence, interprète bruyamment par ces
mots: « Payc tes dettes, paye tes dettes », et toutes
de s'écrier : « C'est une *caille !* »

L'Institutrice. — J'en vois plusieurs qui vont,

viennent et se donnent bien de la peine. C'est un oiseau malin que la caille ! ces pauvrettes sont effrayées.

ÉLISE. — Pourquoi ne s'envolent-elles pas?

L'INSTITUTRICE. — Ces oiseaux ont le vol lourd; ils s'envolent quand ils n'ont plus d'autre moyen d'échapper au chasseur. La caille est de la famille des *gallinacées*. C'est, comme l'hirondelle, le rossignol et bien d'autres, un oiseau voyageur, dont la chair est très estimée. Ne laissons pas dans l'oubli cette jolie plante, dont la fleur est d'un bleu éblouissant. Je la cueille. Venez l'examiner. Cette plante est la *bourrache*, famille des *borraginées;* c'est le type de l'espèce. Les tiges de la bourrache sont creuses, fragiles et couvertes d'une multitude de fins aiguillons incapables de piquer. Ses feuilles en sont hérissées aussi, surtout en dessous. Ses fleurs, fort belles, sont groupées le long des tiges. En dessous de cette fleur, vous apercevez le calice, qui se compose de cinq petites feuilles vertes appelées *sépales,* aussi hérissées de poils. La corolle se tient tout d'une pièce et forme une belle étoile à cinq pointes d'une superbe couleur bleue. Au milieu de la fleur, cinq petites pointes droites et raides, toutes noires, se réunissent en faisceau : ce sont les anthères des étamines. Une petite corne d'un bleu foncé se dresse au pied de chaque étamine. Au milieu des étamines est le style ; tout au fond de la fleur l'ovaire, qui contient quatre graines ovales et brunes. La bourrache est une plante médicinale, servant à faire des tisanes fortifiantes et sudorifiques. Nous quitterons notre charmante retraite après qu'Euphrosine nous aura dit ce que ce champ de seigle lui inspire. Nous vous écoutons, chère enfant !

Euphrosine. — Le *seigle* est de la famille des *graminées*. Les graminées comprennent les céréales : blé, seigle, orge, avoine, riz, millet, maïs. Avec le seigle, le meunier fait de la farine que le boulanger mélange avec de la farine de froment, pour faire le pain de qualité moyenne.

L'Institutrice. — Bien. Vous avez oublié de nous dire que le nom de céréales donné aux graminées vient de Cérès, déesse de la fable, à laquelle les moissons étaient consacrées. Maintenant, dirigeons nos pas vers cette femme qui trait une vache. J'ai mon idée !

Les enfants ont compris sans doute, car elles prennent leur course, et, quand leur institutrice les rejoint, Adrienne est en train d'embrasser la paysanne qu'elle appelle : « Ma tante. »

LA PAYSANNE. — Approchez, madame et mes petites demoiselles : vous avez bien fait de passer par là ! je vais vous offrir à toutes un peu de lait tout chaud. Seulement, je n'ai que cette petite tasse, vous boirez l'une après l'autre. D'abord, madame !

Tout le monde boit à son tour. Ce lait chaud et couvert d'écume est exquis. L'aimable femme refuse la pièce d'argent que lui offre l'institutrice. On se contente donc de la remercier et on va s'asseoir à quelques pas ; de là on pourra admirer à son aise la belle vache brune.

L'INSTITUTRICE. — Voyons, Clara, parlez-nous de la vache. Il y en a long à dire sur cet animal.

CLARA. — La *vache*, de l'ordre des *ruminants*, est un quadrupède herbivore, mammifère. Elle a le pied fourchu, c'est-à-dire séparé en deux parties par une fente. Sur la tête, elle porte deux cornes qui grandissent à mesure qu'elle vieillit. Ses yeux sont gros et bons, ses naseaux bien ouverts, ses dents blanches, ses dents molaires aplaties. Ces animaux vivent ordinairement de quinze à seize ans. La vache n'est pas gourmande, elle ne prend d'aliments qu'autant qu'il est nécessaire pour ses besoins. En été, on mène les vaches au pâturage ; ou leur donne de l'herbe fraîche, de la luzerne, du trèfle, de la vesce, du sainfoin. En hiver, on les nourrit avec du foin, de la paille, de l'avoine, du son, des betteraves, des carottes. Ces animaux aiment le vin, le vinaigre, le sel ; ils mangent vite, après quoi ils se couchent pour ruminer, c'est-à-dire pour faire passer les aliments dans leurs quatre estomacs. La vache est précieuse pour l'homme en ce qu'elle lui fournit du lait en abondance. Les vaches blanches sont celles qui donnent le plus de lait, les noires sont celles qui donnent le meilleur. Le bon lait ne doit être ni trop épais ni trop clair, il doit être d'un beau blanc ; celui qui tire sur le jaune ou sur le bleu est moins bon. Le lait est un breuvage sain, agréable au goût et nourrissant : il se compose de trois parties : 1° la partie qui sert à faire les fromages de toute espèce ; 2° celle avec laquelle on fait le beurre ; 3° celle qu'on appelle le petit lait.

L'Institutrice. — Je suis très satisfaite de vous, Clara. A votre tour, Adrienne, de nous dire comment on s'y prend pour faire le beurre.

Adrienne. — On écrème le lait avec une grande cuiller, après qu'il a été reposé ; on verse cette crème dans une *baratte*, qui est une espèce de tonneau large par le bas et étroit par le haut ; on la bat avec un bâton au bout duquel on a adapté une planche de la largeur de l'entrée du tonneau ; on l'agite jusqu'à ce qu'elle soit changée en une substance jaunâtre qui est le *beurre*. On donne le résidu, qu'on appelle *lait de beurre*, aux bestiaux.

L'Institutrice. — Quand la vache ne donne plus de

Coucou déposant un œuf dans un nid.

lait et qu'on veut en faire un animal de boucherie,
on l'engraisse, puis on la livre au boucher ; dites-
moi, Adrienne, comment s'y prend-on pour la tuer et
de quelle utilité sont ses dépouilles?

ADRIENNE. — Pour abattre un bœuf ou une vache,
on attache une corde autour des cornes de l'animal ; on la passe dans un anneau fixé et scellé dans
une pierre ; on tire sur cette corde, et, lorsque l'animal a la tête presque contre terre, on le frappe au
milieu du front avec une lourde masse. Presque toujours il tombe mort, du premier ou du second coup.
Les dépouilles du bœuf et de la vache sont aussi
utiles que leur chair : leur peau, tannée et corroyée,
devient le cuir que les cordonniers emploient pour
faire les chaussures. La corne sciée, tournée ou
fondue, sert à fabriquer des peignes, des boîtes, des
tabatières, des manches de couteaux, des boutons
et une foule d'autres objets. Le fiel est utilisé pour
dégraisser les étoffes ; les peintres l'emploient pour
nettoyer leurs tableaux. Avec le pied de bœuf ou de
vache, on fabrique de bonne huile à brûler. On ob

tient de la colle-forte en faisant bouillir ensemble
les pieds, les tendons, les rognures de la peau. La
chair du bœuf ainsi que celle de la vache sont très
nourrissantes.

L'Institutrice. — C'est parfait! J'ajoute quelques
mots sur le bœuf. Dans quelques pays, le bœuf est
façonné au labourage. Il est fort, patient. Il ne se
soumet pas au joug dès le premier jour, mais on l'y
accoutume avec de la persistance, de la douceur et
des caresses. Le bœuf résiste bien à la fatigue,
mais la grande chaleur l'incommode ainsi que le
froid excessif. On le fait travailler habituellement
jusqu'à l'âge de dix ans, alors on l'engraisse pour
le vendre et pour le faire servir à la nourriture de
l'homme. Les meilleurs bœufs de France sont ceux
d'Auvergne et de basse normandie. Il y en a aussi
de très beaux en Suisse, en Belgique et en Angleterre. Avez-vous quelque chose à nous dire sur ces
herbacées qui sont à nos pieds?

Charlotte. — C'est du *trèfle*, plante fourragère
dont la feuille est composée de trois folioles. Il y a

plusieurs espèces de trèfle ; le petit trèfle, le trèfle rouge et le trèfle incarnat. Ce fourrage, vert ou sec, est une bonne nourriture pour les bestiaux.

L'Institutrice. — Maintenant, en marche, mes petites !

C'est avec plaisir que les écolières obéissent. Elles ont pris goût aux leçons d'histoire naturelle; aussi chacune regarde-t-elle à droite, à gauche, afin de découvrir quelque chose et d'avoir l'honneur de demander une explication ! Mais voici Louise et Marie arrêtées devant une cour de ferme, et c'est en même temps qu'elles s'écrient : « Madame, venez voir les petits veaux qui sont dans la cour ; — Madame, j'aperçois à un pommier de singulières feuilles ! » L'institutrice s'avance. La ferme paraît déserte; on peut sans indiscrétion monter sur le talus, du haut duquel on voit parfaitement les veaux et les feuilles en question.

L'Institutrice. — Avec la crosse de mon parasol, je vais atteindre une petite branche de la singulière plante que Marie nous a signalée ! Examinons-la ensemble, mes petites amies. Cette plante est du *gui*, famille des *santalacées*. Vous ne l'avez sans doute pas oublié, elle est célèbre par le rôle qu'elle jouait dans la religion des Druides, qui lui attribuaient toutes sortes de vertus magiques. Le gui pousse sur les pommiers, les saules et, plus rarement, sur les chênes. C'est une plante parasite, vivant de la sève de l'arbre sur lequel elle a pris racine. Les oiseaux sont très friands de ses graines, ils les recueillent avec leur bec et les emportent sur les branches pour les manger ; si une graine tombe dans une fente de l'écorce, elle germe, s'enracine et reproduit la plante. Ce sont donc les oiseaux qui sèment le gui !... C'est plus singulier que la feuille de la plante, n'est-ce pas, Marie ?

En hiver, cette touffe verte, que l'on aperçoit dans la ramure des arbres dépouillés de leur feuillage, est d'un bizarre effet ! Cette plante, de même que sa fleur petite et jaunâtre, est peu remarquable. Le gui, dont la sève est épaisse et collante, sert à préparer la *glu*.

A votre tour, Louise; vous nous avez montré des veaux, dites-nous ce que vous en savez.

LOUISE. — Le veau est le petit de la vache, qui n'en a ordinairement qu'un à la fois. On laisse le veau auprès de sa mère pendant les cinq ou six premiers jours de son enfance, afin qu'il soit chaudement et qu'il puisse téter aussi souvent qu'il en a besoin. Au bout de ce temps, on le sépare, parce qu'il est assez fort et qu'il épuiserait sa nourrice. Pour l'engraisser, on lui donne du lait bouilli et de la mie de pain, du son, des œufs crus. Au bout de quatre à cinq semaines, il est bon à manger. La chair de cet animal, d'un fort bon goût, constitue une nourriture saine et agréable. Sa peau s'emploie à la fabrication des chaussures.

ÉMÉLIE. — Oh! le beau chèvrefeuille! je vais en cueillir pour madame!

En quelques instants, Émélie en a plein les bras; elle n'a pas cueilli, elle a arraché!

ÉMÉLIE. — Silence, mes amies! écoutez, je vais m'expliquer! Le *chèvrefeuille* est une plante grimpante de la famille des *rubiacées*. Ses tiges, trop frêles pour s'élever sans appui, s'entrelacent, pour se soutenir, aux branches d'arbrisseaux plus vigou- reux ; elles sont rondes, lisses, vertes ou rougeâ- tres, Ses feuilles, d'un beau vert frais, ovales, naissent deux par deux l'une en face de l'autre. La partie élargie des deux feuilles voisines de la fleur se réunit et forme autour de la tige une collerette verte : c'est le *limbe*. Les fleurs naissent par petits groupes. Au pied de chacune est le calice. La co- rolle a l forme d'un petit tuyau évasé en entonnoir, s'ouvrant comme une gueule, dentelé irrégulière- ment, d'un côté quatre dents, de l'autre une seule beaucoup plus séparée. A l'intérieur, cinq étamines, qui tiennent à la corolle, portent leurs anthères dorées sur de très longs filets grêles. Au centre, un autre filet qui tient au fond de la fleur ; c'est le style, sa petite tête de couleur verte s'appelle *stig- mate*. Le style est planté sur l'ovaire. Le pistil de la fleur est l'ensemble de ces trois pièces. Lorsque la corolle se détache et tombe, l'ovaire grossit, il est de la forme d'un petit œuf vert. Lorsqu'il est mûr, il devient rouge, tendre, gonflé de suc ; il ressemble à une petite groseille et contient plusieurs graines.

Eh bien, est-ce parlé cela ? Applaudissez !

L'Institutrice. — Émélie ! Émélie ! Souvenez-vous de la sentence que j'ai inscrite au tableau hier. « L'esprit qu'on croit avoir gâte celui qu'on a ! »... Oui, vous avez bien parlé, mais les louanges que vous vous accordez avec orgueil nous dispensent de vous complimenter. On rabaisse celui qui cherche à se vanter. Allons, ne pleurez pas, et tâchez de profiter de la leçon ! Maintenant, enfants, toutes en file et sautez suivant les règles de la gymnastique. Attention !... Bien réussi !... Maintenant en route pour le premier champ de colza!

Ils ont changé d'aspect les champs de colza ! Au mois de mai, ils étaient en fleurs, ce qui offrait un coup d'œil superbe de loin ; on eût dit d'immenses tapis jaunes ; la brise apportait le parfum pénétrant de ces fleurs. Aujourd'hui, les graines les ont remplacées, et il est temps de faire la récolte, qui paraît bonne.

L'Institutrice. — Allons, petite Jeanne, qu'avez-vous à nous dire sur ces colzas ?

Jeanne. — Le *colza*, de la nombreuse famille des *crucifères*, est une espèce de chou que l'on cultive en grand dans tout le nord de la France. On retire de sa graine une huile employée pour l'éclairage.

L'Institutrice. — Bien, Jeanne. Mais me direz-vous quelles sont ces plantes à charmantes fleurs bleues qui se balancent au souffle de la bise ?

Jeanne. — Ce sont des fleurs de *lin*. Je n'en sais pas plus long.

L'Institutrice. — A la bonne heure ! c'est avouer franchement ! Je vais parler à votre place. Le lin est de la famille des *caryophyllées;* on le cultive pour en retirer les graines et les filaments. Des graines on fait de l'huile, employée dans les arts] et dans l'économie domestique. Des filaments on fabrique des tissus ; de là le nom de *textiles* donné aux plantes dont les fils servent à faire des tissus. Le lin est originaire de l'Asie ; on ignore l'année où il a été introduit en Europe. On sait qu'à l'époque de la domination romaine il était en Gaule l'objet d'une culture étendue. Le lin est cultivé en grand dans le nord de la France, en Hollande et en Belgique. Il comprend trois variétés principales, se distinguant entre elles par la taille et la finesse de la tige. C'est le lin commun annuel qui est le plus fréquemment employé. Quand la plante est parvenue à sa maturité, on l'arrache par poignées, et on la couche par terre ; une fois sèche, on la porte dans la grange, où on la frappe avec une pièce de bois pour en détacher les graines. Les tiges sont ensuite réunies et on extrait leurs filaments, puis on procède à l'opération du *rouissage* afin de détruire la gomme-résine dont les tiges sont enduites ; il suffit pour cela de plonger celles-ci dans l'eau d'une mare, d'un étang ou d'un ruisseau, ensuite on les *trille*. On sépare la partie la plus grossière, nommée *étoupe ;* le reste est filé, puis converti en toile.

LOUISE. —Quelle jolie fleur rosée ! comment se nomme-t-elle, madame?

L'Institutrice. — C'est la *mauve,* type de la famille des *malvacées.* Fleur élégante et gracieusement colorée, elle a de longues et fortes racines rampantes au ras du sol. La corolle de la fleur se compose de cinq grands pétales, étroits au pied, étalés à leur bord, violet rosé vers le contour de la fleur, plus foncé vers le centre. Là, vous apercevez les étamines qui ressemblent à une gerbe serrée au pied, étalée vers le haut. Chaque étamine se compose d'une anthère rosée ou dorée, portée sur un mince filet ; les filets des anthères réunis forment la gerbe. Au centre est caché le pistil, dont on distingue à peine la petite tête fourchue. La partie inférieure du pistil se nomme ovaire, il contient les graines. Comme cela se passe pour toutes les plantes lorsque la corolle de la fleur tombe, l'ovaire grossit, puis les graines qu'il contient mûrissent. La fleur de la mauve sert à faire de la tisane pectorale.

Tout en causant, les promeneuses ont fait de la route et elles s'aperçoivent que l'excursion est bientôt terminée ; elles en témoignent le regret, et, pour retarder le retour, les voilà toutes à la recherche d'une question !

MARIE. — Voici la ferme de maître Pierre, voyons un peu si je vais apercevoir quelque chose ! Bien ! il y a contre sa maison plusieurs grandes plantes à longues feuilles, j'ai mon affaire !

GABRIELLE. — Moi, je vais demander à parler sur le pommier que j'aperçois.

CHARLOTTE. — J'ai mieux que cela ! j'aperçois contre la haie un petit arbre qui porte une espèce de fruit que je ne connais pas !

ÉLISE. — Moi, j'ai une gentille fleur grimpante dont je ne sais pas le nom.

PALMYRE. —. Qu'elles sont simples, ces demoiselles ! et la ruche ! moi, je demande à parler sur les abeilles !

ÉMÉLIE. — Bravo, les bonnes filles ! nous n'allons pas rentrer tout de suite ! quelle chance !...

Et les voilà toutes se précipitant vers leur institutrice ; c'est à qui criera le plus fort !

L'Institutrice. — Entendons-nous ! Vous êtes cinq qui avez à expliquer ou à demander quelque chose, cela va nous tenir un certain temps. Asseyons-nous sur le talus, ce sera notre dernière halte. A vous l'honneur, Marie ; parlez la première.

Marie. — C'est une question que j'ai à vous faire, madame. Quelles sont ces plantes qui se balancent comme des roseaux contre la maison de maître Pierre ?

Émélie. — Toi, Marie, tu es la bourrique au père Mulot !

L'Institutrice. — Taisez-vous donc, petite ! Le *maïs*, connu aussi sous le nom de *blé de Turquie*, est de la famille des *graminées*. C'est une plante à longue tige et à larges feuilles. La tige se termine par un gros épi bien garni de grains jaunes. A ces détails, vous savez maintenant le nom de la gracieuse plante qui a frappé vos regards. Quand les graines de maïs sont moulues, elles fournissent une farine jaunâtre, que l'on mêle avec de la farine de froment pour en faire du pain et des gâteaux secs. Dans certains pays pauvres, on vit de cette farine, qui seule fournit du pain. En Italie, où sa consommation est grande, on l'apprête de différentes manières. Le grain sert aussi à la nourriture des animaux de basse-cour, surtout lorsqu'on veut les engraisser. Les feuilles séchées remplacent avec avantage la paille pour garnir les lits. L'épi, dégarni du grain, s'emploie comme nourriture des bestiaux. Lorsque les épis sont tendres, on les confit comme les cornichons. Vous voyez comme tout s'utilise, mes enfants. Et vous, Gabrielle, qu'allez-vous dire?

GABRIELLE. — En apercevant les *pommiers* qui sont dans la cour de la ferme, il m'est venu à l'idée d'en parler. Le pommier, dont j'aime tant à croquer le fruit, même vert ! est de la famille des *rosacées ;* c'est un arbre de moyenne taille, à forte racine, au tronc recouvert d'une rude écorce, aux grosses branches noueuses. Ses feuilles sont ovales, terminées en pointe, finement dentées sur les bords. Ses fleurs s'étalent, du milieu de la touffe de feuilles, en bouquets semblables à de petites roses, de couleur rose tendre ou presque blanches. La corolle de la fleur a cinq pétales minces, larges, arrondis ; au-dessous de la corolle est le pétiole qui la porte, renflé en forme de bouteille. Cinq pointes vertes, appelées *sépales*, forment le calice et soutiennent la corolle.

Les anthères dorées des étamines, en touffe à l'intérieur de la fleur, sont portées sur de minces filets. Tout au centre sous la corolle est la partie supérieure des pistils ; la partie inférieure est à l'intérieur de la coupe. Quand les pétales tombent, la petite coupe grossit, s'arrondit, devient le fruit : la *pomme*. Au milieu de la pomme sont les pépins, c'est-à-dire les graines du pommier, enfermées dans cinq petits compartiments. Avec le jus des pommes écrasées, on fabrique du *cidre*. On fait usage de cette boisson dans une partie de la France.

L'Institutrice. — Très bien, Gabrielle. A votre tour, Charlotte.

CHARLOTTE. — Quel est, je vous prie, madame, le nom de cet arbre qui porte une espèce de petite pomme ?

ÉMÉLIE. — Encore une bourrique pour le père Mulot ! il enrichit, le bonhomme !

L'INSTITUTRICE. — Ma chère petite Émélie, il faut vous corriger de cet esprit railleur qui vous fait souvent froisser vos compagnes. Souvenez-vous que le véritable esprit marche avec la bonté. Cet arbre que vous me désignez, Charlotte, c'est le *néflier* ; il est de taille moyenne et ressemble au poirier et au pommier, étant aussi de la famille des rosacées. Ses feuilles, un peu plus grandes que celles du poirier, sont ovales sans dentelures, et d'un beau vert frais. Ses fleurs, plus larges que celles du poirier et du pommier, ressemblent beaucoup à l'églantine de nos haies, sont d'une jolie couleur rosée. Bien que l'arbre porte ses fruits, je vais vous détailler la fleur. Sa corolle est formée de cinq pétales arrondis, largement étalés. Sous la corolle cinq sépales verts, pointus, forment le calice. La corolle et le calice sont portés sur les bords d'un renflement qui ressemble à une petite coupe verte. Au milieu de la corolle, les nombreuses étamines sont rangées en couronne, les anthères jaunes sont portées sur de minces filets ; puis au centre, trois filaments plus longs qui sont les styles. La petite coupe verte qui est sous la fleur contient l'ovaire. Quand les pétales tombent, l'ovaire grossit et devient cette es-pèce de pomme brunâtre que vous apercevez. Ce fruit se nomme *nèfle*. La nèfle contient cinq noyaux très gros et très durs ; on ne peut la manger que lorsqu'elle commence à devenir blette. Ce fruit est d'un goût sucré très agréable.

CHARLOTTE. — Que je vous remercie, madame, de nous apprendre tant de belles choses !

L'INSTITUTRICE. — Je suis heureuse, mes enfants, de voir le goût de l'étude de la nature se dévelop-per en vous. Je suis heureuse aussi de la reconnais-sance que vous me témoignez. — A qui le tour de parler ou de questionner ?

ÉLISE. — C'est à moi ! j'ai trouvé ces fleurs dans

la haie ; j'avoue mon ignorance, je ne sais comment on les nomme ! Voyez, madame.

L'Institutrice. — Ce sont des fleurs de *clématite*, jolie plante grimpante qui enlace parmi les buissons et les haies ses longues tiges minces, flexibles, de couleur verte ou brunâtre, rayées dans le sens de la longueur. De distance en distance, cette tige est pourvue de gros nœuds. La feuille, grande et d'un beau vert, est composée de cinq petites feuilles ovales dentelées et posées sur un même pétiole ; ce pétiole long, grêle et flexible, s'entortille autour des objets qu'il rencontre. Les fleurs de clématite se composent d'un calice formé de quatre ou cinq sépales, en feuillets d'un blanc verdâtre, étalés en rosette ; il n'y a pas de corolle. Dans la rosette du calice sont les étamines, dont les anthères sont portées sur de minces filets. Au centre est un groupe de petits pistils. Quand la fleur est fanée, chacun des pistils croît et devient un fruit. Le groupe de fruits forme une houpe velue et soyeuse. Il ne faut porter aucune partie de la plante à la bouche, son suc âcre peut occasionner sur la peau des rougeurs et des démangeaisons.

— Et vous, Palmyre, qu'allez-vous nous dire ?

PALMYRE. — J'aperçois près de la maison du fermier des ruches. Je vais dire le peu que je sais. Les ruches sont de différentes formes : les plus simples, comme celles-ci, en paille à tissu très serré ; on y laisse une petite ouverture afin que les abeilles puissent sortir et entrer à leur gré. Une ruche ne renferme qu'une seule reine, c'est elle qui pond jusqu'à quarante à cinquante mille œufs par an. Je vous en prie, madame, aidez-moi.

L'INSTITUTRICE. — Les abeilles sont pourvues d'ailes membraneuses ; pour cette raison elles appartiennent à l'ordre des *hyménoptères*. Les abeilles ont pour leur reine les soins les plus assidus ; elles travaillent pour elle, et, à sa mort, elles se dispersent. Les abeilles travailleuses ne sont ni mâles, ni femelles. Il y a peu de mâles dans chaque ruche, ils sont velus et de moyenne grosseur ; on les appelle *faux bourdons ;* ils ne travaillent pas. Les ouvrières les tuent à la fin de l'été, afin qu'ils ne soient pas une charge en hiver. Nous devons à l'abeille deux produits précieux : la cire et le miel. La cire, produite par une espèce de transpiration de l'abeille, sort d'entre les anneaux de l'abdomen des ouvrières, qui la recueillent avec leurs pattes garnies de poils raides. C'est avec la cire qu'elles font leurs gâteaux, assemblage de tuyaux à six pans, qu'on appelle *cellules* ou *alvéoles*. Les tuyaux des rangs supérieurs sont destinés à servir de magasins d'approvisionnement pour l'hiver ; les ouvrières les bouchent avec des couvercles de cire, quand elles les ont remplis de miel. La reine pond ses œufs dans les alvéoles inférieurs. Chaque alvéole ne renferme qu'un œuf. Le miel est le suc des fleurs. Les abeilles le puisent au fond des fleurs, au moyen de leur trompe ; puis, quand le premier estomac ou *jabot* en est rempli ; elles vont le dégorger à la ruche, et retournent ensuite au travail. Le miel varie de nature selon les plantes sur lesquelles les abeilles butinent. C'est un aliment sain et agréable, il sert quelquefois de médicament. Les miels les plus estimés sont ceux qu'on récolte en Grèce, sur le mont Hymette; dans l'île de Crète, sur le mont Ida; à Mahon, dans les îles Baléares, et à Cuba. En France, les meilleurs viennent du Gâtinais, dans le département du Loiret, et des environs de Narbonne, dans le département de l'Aude. Quant à la cire, elle a de nombreux usages dans l'industrie, dans les arts et dans la médecine.

MARIE. — Pour recueillir le miel, est-ce qu'on ne pourrait pas se dispenser de tuer les courageuses abeilles comme je l'ai vu faire ?

L'INSTITUTRICE. — Certainement, c'est un procédé barbare; ensuite, c'est une perte d'argent, car un essaim vaut à peu près quinze francs. Il y a des ruches construites de deux pièces dont celle du haut se détache aisément de l'autre. Comme le miel ne se trouve en général que dans la partie supérieure des gâteaux, en ôtant la pièce du haut et en la remplaçant par une pièce vide, les abeilles ne tardent pas à reconstruire leur gâteau. On partage ainsi avec elles le produit de leur travail sans nuire à la ruche.

CHARLOTTE. — Comment s'y prend-on, madame, pour faire sortir le miel des alvéoles ?

L'INSTITUTRICE. — Quand on a enlevé le gâteau d'une ruche, on le fait égoutter sur un vase ou sur des claies, au soleil, après avoir coupé avec un couteau les cellules fermées de couvercles. Le miel qui s'écoule est le plus estimé ; on exprime le gâteau et on obtient le miel de qualité inférieure. Quant à la cire qui forme les parois des alvéoles, on la fait fondre avec de l'eau chaude, puis on la filtre pour la dégager de ses impuretés.

Toutes les petites filles ont écouté la leçon avec un intérêt visible ; chez plusieurs d'entre elles il existe des ruches. Sans être véritablement apiculteurs, les paysans en possèdent presque tous quelques-unes ; c'est d'un profit réel, sans perte de temps.

Il fait encore jour lorsque la petite troupe arrive sur la place du village. On voit, à l'air sérieux des fillettes, que la journée finit trop tôt pour elles !

ÉMÉLIE. —J'ai une demande à vous faire, madame; je voudrais bien que dans nos prochaines promenades nous parlions d'autre chose que des fleurs et des animaux.

L'INSTITUTRICE. — Il y a un moyen de vous satisfaire, ma chère petite; n'allons plus à travers champs, restons sur la place, faisons-en le tour et parlons un peu de tout (1) !

— Oui! oui ! s'écrient les petites filles joyeuses; que ce sera amusant !

FIN

_(1) *Un peu de tout,* par M^me Sophie de CANTELOU. 1 fr. — Paris. *Librairie générale de Vulgarisation* (A. Degorce, éditeur.)

# TÁBLE DES MATIÈRES

—

## CHAPITRE I



## CHAPITRE II



## CHAPITRE III



## CHAPITRE IV

## CHAPITRE V



## CHAPITRE VI